高职院校职业素质教育丛书

总主编：张亚杭

高职院校学生职业素质教育理论与实践

——以重庆工程职业技术学院为例

主　编　魏　星　兰海涛

副主编　葛　鑫　金慧玲　粟俊江

西南师范大学出版社

国家一级出版社　全国百佳图书出版单位

图书在版编目(CIP)数据

高职院校学生职业素质教育理论与实践：以重庆工程职业技术学院为例／魏星，兰海涛主编．——重庆：西南师范大学出版社，2016.7
ISBN 978-7-5621-8081-4

Ⅰ．①高… Ⅱ．①魏… ②兰… Ⅲ．①高等职业教育－素质教育－研究 Ⅳ．①G718.5

中国版本图书馆 CIP 数据核字(2016)第 163079 号

高职院校职业素质教育丛书

总主编：张亚杭

高职院校学生职业素质教育理论与实践

——以重庆工程职业技术学院为例

主　　编：魏　星　兰海涛

副 主 编：葛　鑫　金慧玲　粟俊江

责任编辑：刘　露

书籍设计：尚品视觉 Eail:designsj@163.com 周　娟　刘　玲

出版、发行：西南师范大学出版社

（重庆·北碚　邮编：400715）

网　　址：http://www.xscbs.com

印　　刷：重庆市国丰印务有限责任公司

开　　本：787mm×1092mm　1/16

印　　张：9.75

字　　数：250 千字

版　　次：2016 年 7 月　第 1 版

印　　次：2016 年 7 月　第 1 次

书　　号：ISBN 978-7-5621-8081-4

定　　价：22.00 元

编写委员会

序

本套高职院校职业素质教育系列教材，是重庆工程职业技术学院国家示范性高职院校建设的系列成果之一。根据《教育部 财政部关于实施国家示范性高等职业院校建设计划加快高等职业教育改革与发展的意见》(教高〔2006〕14号)和《教育部关于全面提高高等职业教育教学质量的若干意见》(教高〔2006〕16号)文件精神，重庆工程职业技术学院坚持育人为本，德育为先，把立德树人作为根本任务，大力推进“校企合作、工学结合”的人才培养模式改革，加强学生素质教育，促进学生健康成才，提升学校整体办学水平和办学效益。

本套系列教材拟出版《高职院校学生通用职业能力培养教程》、《高职院校学生就业与创业指导》和《高职院校学生职业素质教育理论与实践——以重庆工程职业技术学院为例》。教材作者大多为高职院校长期从事学生教育管理工作的教师，对高职院校学生的特点和需求有较准确的把握，在工作实践中，也积累了丰富的服务学生、教育学生、管理学生的方法和经验。因而，系列教材具有较强的针对性、可操作性和可读性，体现了培养高素质的技能性人才的高职教育目标和要求。

我们希望这套系列教材的出版，能够配合国家的统编教材，培养学生的自我规划的科学性和社会适应性，教育学生树立终身学习理念，学会交流沟通和团队协作，提高学生的创造能力、就业能力和创业能力，为培养德智体美全面发展的社会主义建设者和接班人做出我们的贡献。

编　者

前言

近年来，国务院印发《关于加快发展现代职业教育的决定》等若干重要文件，全面部署加快发展现代职业教育。《2013 年全国教育事业发展统计公报》数据显示，2013 年全国共有普通高等学校 2553 所，其中本科院校 1219 所，高职(专科)院校 1334 所。高职院校数量超过本科院校，牢牢占据中国高等教育的“半壁河山”，我国高等职业教育正迎来发展的春天。

高等职业教育以培养面向生产、建设、服务和管理第一线需要的高素质技能型人才为目标。伴随社会经济的发展，一线企事业单位对高素质技能型人才的要求也越来越高。在激烈的人才竞争中，高职毕业生不仅需要具备良好的理论知识和职业技能，还必须具备包括职业规划能力、就业与创业能力等方面的能力，具有勤奋踏实、诚信敬业等方面精神在内的职业素质，成为一线企事业单位“下得去、用得上、留得住”和“能用、好用、重用”的高素质技能型人才。因此，加强学生职业素质教育成为各高职院校日益重视的工作。

国家示范性高职院校——重庆工程职业技术学院以国家示范高职院校建设为契机加强学生职业素质教育体系建设，多年来形成了“一体双翼”的学生职业素质教育体系，即“理论实践一体化、队伍平台双保障”。本书是对该校多年来开展学生职业素质教育经验成果的系统总结和梳理。具体内容包括理论研究与创新、机制与队伍建设、平台与基地建设、活动组织与实施四个部分。本书分为上下两篇，上篇理论篇对高职学生职业素质教育理论研究与创新的主要成果进行了总结，分为高校职业素质教育概况、职业素质教育概述、职业能力、职业素养、企业对高职学生职业素质的要求几个部分。下篇实践篇从机制与队伍建设、平台与基地建设、活动组织与实施等方面对如何开展学生职业素质教育体系建设的具体做法进行呈现。衷心希望本书有限的研究能为广大兄弟院校和同行开展相关工作的理论研究和实践提供参考和借鉴。

本书由重庆工程职业技术学院魏星、兰海涛担任主编，葛鑫、金慧玲、栗俊江担任副主编，此外胡国瑞、黄灿、黄雨晴等参加了编写。其中上篇第一章“高校职业素质教育研究概况”第一、二节由葛鑫编写，第三节由魏星编写，第二章“职业素质教育概述”由兰海涛编写，第三章“职业能力”第一节由葛鑫编写，第二节由魏星编写，第四章“职业素养”第一节由兰海涛编写，第二节由黄雨晴编写，第三节由黄灿编写，第四节由胡国瑞编写，第五章“企业对高职学生职业素质的要求”由金慧玲编写。下篇第六章“重庆工程职业技术学院学生职业素质教育体系概述”、第七章“机制与队伍建设”、第八章“平台与基地建设”由魏星编写，第九章“活动的组织与实施”由兰海涛编写，“附：重庆工程职业技术学院学生职业素质教育管理文件”由魏星、兰海涛共同编写。栗俊江对全书的体系构建有重要贡献。

本书是作者集体智慧的结晶，在写作中作者也参考了大量的文献资料和网上信息，限于篇幅不能一一列出，在此一并向原作者致以诚挚的谢意。我们还要特别感谢西南师范大学出版社为本书的出版所做的努力，感谢重庆工程职业技术学院张洪冲、丁晓亮、朱晓等老师为本书资料收集等工作做出的贡献。

由于时间仓促，本书尚有许多不足之处，我们真诚期待广大同行、专家和读者的批评指正，您的意见将会帮助我们不断改进和完善。

目录

CONTENTS

上篇　理论篇

第一章　高校职业素质教育概况

第一节　职业素质概述

一、职业

职业是人们在社会中所从事的作为谋生手段的工作。从社会角度来看，职业是劳动者获得的社会角色，劳动者为社会承担一定的义务和责任，并获得相应的报酬；从国民经济活动所需要的人力资源角度来看，职业是指不同性质、不同内容、不同形式、不同操作的专门劳动岗位。

职业是参与社会分工，利用专门的知识和技能，创造物质财富和精神财富，获得合理报酬，满足物质生活、精神生活的工作。根据中国职业规划师协会及中国职业规划第一品牌“向阳生涯”对职业的定义：职业是行业与职能的交集。一种职业应该包括行业和职能两个维度。即职业＝行业＋职能，这样才能算是一个完整的职业。

职业即职场上的专门行业，是对劳动的分类。职业是社会分工的产物，在商品经济发达的西方社会，职业通常指具有一定专长的社会性工作。职业的划分方式很多，也没有定式，通常以所从事的产业或行业为主，并结合工作特点混合使用。职业在英语当中对应于 Profession、Occupation，两者作为术语概念有差异。中文词汇“职业”作为术语，有时指工作(集合名词)，其概念与时代、社会经济水平有关，一定时期包含社会地位的成分。如仆人、佣人、长工在经济落后的时代代表地位和社会阶层。职业还与经济发展的水平、社会政治制度有很大关系，如词汇“农民”，1980 年代以前的计划经济时代多指个人身份，而在现代西方社会，农民是一种职业，多指农场工人。

二、职业分类

所谓职业分类，是指按一定的规则和标准把一般特征和本质特征相同或相似的社会职业归纳到一定类别系统中去的过程。世界上经济发达的国家都非常重视职业分类问题的研究，这不仅是形成产业结构概念和进行产业结构、产业组织及产业政策研究的前提，同时也是对劳动者及其劳动进行分类管理、分级管理及系统管理的需要。

20世纪90年代中期，随着社会主义市场经济体制的逐步建立和科学技术的迅猛发展，我国的社会经济领域发生了重大变革，这对人力资源管理提出了新的要求。为此，国家提出要制定各种职业的资格标准和录用标准，实行学历文凭和职业资格两种证书制度。《中华人民共和国劳动法》明确规定："国家确定职业分类，对规定的职业制定职业技能标准，实行职业资格证书制度。"根据社会经济发展的需要，1995年2月，劳动和社会保障部、国家统计局和国家质量技术监督局联合中央各部委共同成立了国家职业分类大典和职业资格工作委员会，该工作委员会组织社会各界上千名专家，经过四年的艰苦努力，于1998年12月编制完成了《中华人民共和国职业分类大典》(以下简称《大典》)，并于1999年5月正式颁布实施。

《大典》是我国第一部对职业进行科学分类的权威性文献。由于它的编制与国家标准《职业分类与代码》(GB6565－1999)的修订同步进行，相互完全兼容，因此，它本身也就代表了国家标准。《大典》的重要贡献在于，它在广泛借鉴国际先进经验(特别是《国际标准职业分类》ISCO－88)和深入分析我国社会职业构成的基础上，突破了过去以行业管理机构为主体，以归口部门、单位甚至用工形式来划分职业的传统模式，采用了以从业人员工作性质的同一性作为职业划分标准的新原则，并对各个职业的定义、工作活动的内容和形式以及工作活动的范围等做了具体描述，体现了职业活动本身固有的社会性、目的性、规范性、稳定性和群体性的特征。《大典》科学地、客观地、全面地反映了当前我国社会的职业构成，填补了我国长期以来在国家统一职业分类领域存在的空白，具有深远的意义和广泛的应用领域。

(一)职业类型

一般而言，职业可分为六种类型：技能型(Realistic)、研究型(Investigative)、艺术型(Artistic)、经营型(Enterprising)、社交型(Social)、事务型(Conventional)。找准自己的职业类型，是取得职业成功的保障。

1.技能型。

共同特点：愿意使用工具从事操作性工作，动手能力强，做事手脚灵活，动作协调，偏好于具体任务，不善言辞，做事保守，较为谦虚，缺乏社交能力，通常喜欢独立做事。

性格特点：感觉迟钝，不讲究，谦逊，踏实稳重，诚实可靠。

典型职业：喜欢使用工具、机器，需要基本操作技能的工作；对要求具备机械方面才能、体力或从事与物件、机器、工具、运动器材、植物、动物相关的职业有兴趣，并具备相应的能力。如：技术性职业(计算机硬件人员、摄影师、制图员、机械装配工)，技能性职业(木匠、厨师、技工、修理工、农民)。

2.研究型。

共同特点：思想家而非实干家，抽象思维能力强，求知欲强，肯动脑、善思考，不愿动手，喜欢独立的和富有创造性的工作，知识渊博，有学识才能，不善于领导他人。考虑问题理性，做事喜欢精确，喜欢逻辑分析和推理，不断探讨未知的领域。

性格特点：意志力强，有韧性，喜欢钻研，好奇心强，独立性强。

典型职业：喜欢智力的、抽象的、分析的、独立的定向任务；对要求具备智力或分析才能，并将其用于观察、估测、衡量、形成理论、最终解决问题的工作有兴趣，并具备相应的能力。如：科学研究人员、教师、工程师、电脑编程人员、医生、系统分析员。

3.艺术型。

共同特点：有创造力，乐于创造新颖、与众不同的成果，渴望表现自己的个性，实现自身的价值；做事理想化，追求完美，不重实际；具有一定的艺术才能和个性；善于表达、怀旧，心态较为复杂。

性格特点：有创造性，非传统的，敏感，容易情绪化，较冲动，不服从指挥。

典型职业：喜欢要求具备艺术修养、创造力、表达能力和直觉，并将其用于语言、行为、声音、颜色和形式的审美、思索和感受的工作，并具备相应的能力，如艺术方面（演员、导演、艺术设计师、雕刻家、建筑师、摄影家、广告制作人）、音乐方面（歌唱家、作曲家、乐队指挥）、文学方面（小说家、诗人、剧作家）等不善于事务性的工作。通常在企业中艺术兴趣高的人倾向于理想化，做事追求完美。在企业中，艺术的测试不是指人们做艺术工作，而是工作中的艺术，倾向于将事情做得漂亮、有美感、有情调、锦上添花，追求完美。

4.经营型。

共同特点：追求权力、权威和物质财富，具有领导才能；喜欢竞争、敢冒风险、有野心、有抱负；为人务实，习惯以利益得失、权利、地位、金钱等来衡量做事的价值，做事有较强的目的性。

性格特点：善辩、精力旺盛、独断、乐观、自信、好交际、机敏、有支配愿望。

典型职业：喜欢要求具备经营、管理、劝服、监督和领导才能，以实现机构、政治、社会及经济目标的工作，并具备相应的能力。如：项目经理、销售人员、营销管理人员、政府官员、企业领导、法官、律师。

5.社交型。

共同特点：喜欢与人交往，不断结交新的朋友，善言谈，愿意教导别人；关心社会问题、渴望发挥自己的社会作用；寻求广泛的人际关系，比较看重社会义务和社会道德。

性格特点：为人友好、热情、善解人意、乐于助人。

典型职业：喜欢要求与人打交道的工作，能够不断结交新的朋友，从事提供信息、启迪、帮助、培训、开发或治疗等事务的工作，并具备相应的能力。如：教育工作者（教师、教育行政人员）、社会工作者（咨询人员、公关人员）。

6.事务型。

共同特点：尊重权威和规章制度，喜欢按计划办事，细心，有条理，习惯接受他人的指挥和领导，自己不谋求领导职务；喜欢关注实际和细节，通常较为谨慎和保守，缺乏创造性，不喜欢冒险和竞争，富有自我牺牲精神。

性格特点：有责任心、依赖性强、高效率、稳重踏实、细致、有耐心。

典型职业：喜欢要求注意细节、精确度，有系统、有条理，具有记录、归档、据特定要求或程序组织数据和文字信息的职业，并具备相应的能力。如：秘书、办公室人员、记事员、会计、行政助理、图书馆管理员、出纳员、打字员、投资分析员。

从职业结构看，职业的分布有三个特点：第一，技术型和技能型职业占主导。占实际职业总量的60.88%的职业分布在“生产、运输设备操作人员及有关人员”这一大类，它们分属我国工业生产的各个主要领域。从这类职业的工作内容分析，其特点是以技术型和技能型操作为主。第二，第三产业职业比重较小，仅占实际职业总量的8%左右。三大产业中的职业分布，以第二产业的职业比重最大。第三，知识型与高新技术型职业较少。现有职业结构中，属于知识型与高新技术型的职业数量不超过总量的3%。

（二）职业分类的意义

1.同一性质的工作，往往具有共同的特点和规律。把性质相同的职业归为一类，有助于国家对职工队伍进行分类管理，根据不同的职业特点和工作要求，采取相应的录用、调配、考核、培训、奖惩等管理方法，使管理更具针对性。

2.职业分类给各个职业分别确定了工作责任以及履行职责和完成工作所需要的职业素质，这就为岗位责任制提供了依据。

3.职业分类有助于建立合理的职业结构和职工配制体系。

4.职业分类是对职工进行考核和智力开发的重要依据。考核就是要考查职工能否胜任他所承担的工作，考查他是否完成了他应完成的工作任务。这就需要制定出考查标准，对各个职业岗位工作任务的质量、数量提出要求，而这些都是在职业分类的基础上才能加以规定。职业分类中规定的各个职业岗位的责任和工作人员的从业条件，不仅是考核的基础，同时也是进行培训的重要依据。

（三）职业分类的基本特征

1.产业性特征。

一个国家，就大的方面而言包含三类产业。第一产业包括农业、林业、牧业和渔业等；第二产业是工业和建筑业，工业中包括采掘业、制造业等；第三产业是流通和服务业。在传统农业社会，农业人口比重最大；在工业化社会，工业领域中的职业数量和就业人口显著增加；在科学技术高度发达和经济发展迅速的社会，第三产业职业数量和就业人口显著增加。

2.行业性特征。

行业是根据生产工作单位所生产的物品或提供服务的不同而划分的，行业主要是按企业、事业单位，机关团体和个体从业人员所从事的生产或其他社会经济活动的性质的同一性来分类的。可以说行业表示了人们所在的工作单位的性质。

3.职位性特征。

所谓职位是一定的职权和相应的责任的集合体。职权和责任的统一形成职位的功能，职权和责任是组成职位的两个基本要素；职权相同，责任一致，就是同一职位。在职业分类中的每一种职业都含有职位的特性。比如大学教师这种职业包含助教、讲师、副教授、教授等职位，再如国家机关公务员包括科级、处级、厅（局）级、省（部）级等职位系列。

4.组群性特征。

无论以何种依据来划分职业都带有组群特点。如科学研究人员中包含哲学、社会学、经济学、理学、工学、医学工作者等，再如咨询服务人员中包括科技咨询工作者、心理咨询工作者、职业咨询工作者等。

5.时空性特征。

随着社会的发展和进步，职业变化迅速，除了弃旧更新外，同一种职业的活动内容和方式也发生变化，所以职业的划分带有明显的时代性。从时间上来说，在职业数量较少的时期，职业与行业是同义语，但现在职业与行业是既有联系又有区别的两个概念。在职业划分中，行业一般作为职业的门类。在空间上职业种类分布有区域、城乡或者国别上的差别。

三、职业素质

(一)素质

素质包括先天素质和后天素质。先天素质是通过父母遗传因素而获得的素质。主要包括感觉器官、神经系统和身体其他方面的一些生理特点。后天素质是通过环境影响和教育而获得的。因此,可以说素质是在人的先天生理基础上,受后天的教育训练和社会环境的影响,通过自身的认识和社会实践逐步养成的比较稳定的身心发展的基本品质。

对素质的这种理解主要包括以下三方面的内容:

1.素质首先是教化的结果。它是在先天素质的基础上,通过教育和社会环境影响逐步形成和发展起来的。

2.素质是自身努力的结果。一个人的素质的高低,是通过自己的努力学习、实践、获得一定知识并把它变成自觉行为的结果。

3.素质是一种比较稳定的身心发展的基本品质。这种品质一旦形成,就相对稳定。比如,一个品质好的学生,由于品质稳定,他总是能正确地对待别人、对待自己。

(二)职业素质

职业素质(Professional Quality)是个很大的概念,是指职业内在的规范和要求,也是劳动者对社会职业了解与适应能力的一种综合体现,其主要表现在职业兴趣、职业能力、职业个性及职业情况等方面。影响和制约职业素质的因素很多,主要包括:受教育程度、实践经验、社会环境、工作经历以及自身的一些基本情况(如身体状况等)。一般说来,劳动者能否顺利就业并取得成就,在很大程度上取决于自身的职业素质,职业素质越高的人,获得成功的机会就越多。

1.职业素质的主要特征。

(1)职业性。

不同的职业,职业素质是不同的。对建筑工人的素质要求,不同于对护士的素质要求;对商业服务人员的素质要求,不同于对教师的素质要求。李素丽的职业素质始终是和她作为一名优秀的售票员联系在一起的,正如她自己所说:“如果我能把 10 米车厢、三尺票台当成为人民服务的岗位,实实在在去为社会做贡献,就能在服务中融入真情,为社会增添一份美好。即便有时自己有点烦心事,只要一上车、一见到乘客,就不烦了 。”

(2)稳定性。

一个人的职业素质是在长期职业活动中日积月累形成的。它一旦形成,便产生相对的稳定性。比如,一位教师,经过三年五载的教学生涯,就逐渐形成了怎样备课、怎样讲课、怎样热爱自己的学生、怎样为人师表等一系列教师职业素质,于是,在之后的教学中便会保持相对的稳定性。当然,随着他继续学习、工作和环境的影响,这种素质还可继续提高。

(3)内在性。

职业从业人员在长期的职业活动中,经过自己学习、认识和亲身体验,觉得怎样做是对的,怎样做是不对的。这样,有意识地内化、积淀和升华的这一心理品质,就是职业素质的内在性。我们常说:“把这件事交给小张师傅去做,有把握,请放心。”人们之所以放心他,就是因为他的内在素质好。

(4)整体性。

一个从业人员的职业素质是和他整个素质有关的。我们说某某同志职业素质好,不仅指他的思想政治素质、职业道德素质好,而且还包括他的科学文化素质、专业技能素质好,甚至还包括身体心理素质好。一个从业人员,虽然思想道德素质好,但科学文化素质、专业技能素质差,就不能说这个人整体素质好。相反,一个从业人员科学文化素质、专业技能素质都不错,但思想道德素质比较差,同样,我们也不能说这个人整体素质好。所以,职业素质的一个很重要的特点就是整体性。

(5)发展性。

一个人的素质是通过教育、自身社会实践和社会影响逐步形成的,它具有相对性和稳定性。但是,随着社会发展对人们不断提出的要求,人们为了更好地适应、促进社会发展,总是不断地提高自己的素质。所以,素质具有发展性。

2.职业素质的分类。

(1)身体素质:指体质和健康(主要指生理)方面的素质。

(2)心理素质:指认知、感知、记忆、想象、情感、意志、态度、个性特征(兴趣、能力、气质、性格、习惯)等方面的素质。

(3)政治素质:指政治立场、政治观点、政治信念与信仰等方面的素质。

(4)思想素质:指思想认识、思想觉悟、思想方法、价值观念等方面的素质。思想素质受客观环境等因素影响,例如家庭、社会、环境等。

(5)道德素质:指道德认识、道德情感、道德意志、道德行为、道德修养、组织纪律观念方面的素质。

(6)科技文化素质:指科学知识、技术知识、文化知识、文化修养方面的素质。

(7)审美素质:指审美意识、审美情感、审美能力方面的素质。

(8)专业素质:指专业知识、专业理论、专业技能、必要的组织管理能力等。

(9)社会交往和适应素质:主要是语言表达能力、社交活动能力、社会适应能力等。社交适应是后天培养的个人能力,是职业素质的另一核心,能侧面反映个人能力。

(10)学习和创新方面的素质:主要是学习能力、信息能力、创新意识、创新精神、创新能力、创业意识与创业能力等。学习和创新是个人价值的另一种形式,能体现个人的发展潜力以及对企业的价值。

3.了解自身职业素质的方法。

职业素质是劳动者走向就业的基本条件,但是如何才能了解自己的职业素质呢?了解自己职业素质的办法很多,归纳起来,主要有三种:

(1)接受职业指导。目前,许多就业服务机构,如市、区县职业介绍服务中心和街道社会保障事务所等,都开设了“职业指导”服务项目,可以到那里接受有关这方面的指导。

(2)职业素质测试。部分职业介绍服务机构开设了“职业素质测试”的服务,求职者可在那里获得相关服务。

(3)自测。劳动者可以通过填答“职业素质自测问卷”的方式,判断了解自己的职业素质状况。

第二节 国内外高校职业素质教育研究概况

一、国外高校职业素质教育研究概况

国外关于高校大学生职业素质教育的研究，开始于20世纪40年代。1941年，美国学者约翰·弗莱纳根在研究美国飞行员绩效问题时曾提出，工作分析的主要任务之一就是描述这些工作行为所需要的素质，这开启了人力资源管理中关于素质问题研究的崭新领域。1973年，被誉为“素质研究之父”的美国著名心理学家大卫·麦克利兰在其发表的《测量胜任力而非智力》①一文中提出，采用智力测验的方式预测未来工作的成败是不可靠的，智力测验的结果与工作的成功之间并没有太大的联系，人的智力因素对其工作的成败并不具有绝对的影响效力，从而提出了以素质模型评价法取代智力因素评价法的思路。美国职业指导理论家萨帕对人生职业发展阶段进行了划分，把人的职业生活分为五个阶段：成长、探索、确立、维持、衰退，并提出处于探索阶段的大学生的发展课题为：大学学习计划的选择、适合自己工作的选择、有关职务技能的发展。E.Erikson提出人类八个成长发展阶段及可能出现的危机，认为青少年最主要的发展任务是身份角色的认同或身份的危机，而成人初期的主要任务是发展亲密关系或疏离。Chickering发表了高校学生七个发展范畴的研究成果，认为高校影响了学生七个方面的发展：发展能力、管理情绪、通过自主迈向相互依赖、发展成熟的人际关系、确立身份、发展目的、发展整合。Jones Kwan在一项香港高校学生经验评估研究中将学生对高校教育的期望总结为四个方面：专业知识及技能的装备，为将来职业做准备；开阔视野；成熟及个人发展；在竞争环境下可以成功。斯蒂芬·P.罗宾斯在《组织行为学精要》②中指出，当个人价值观与组织主流价值观相一致时，工作绩效和满意度就可能高一些；当人格与职业一致时，人的满意度最高且离职率最低。

职业素质教育，始于20世纪初的美国。1908年，“职业心理学之父”——美国的帕森斯教授创办了世界上最早的职业素质教育机构——波士顿地方职业局，并第一次提出了“职业素质教育”这一概念。之后，世界各国都开始了这项工作的研究和实践。但是，目前对职业素质教育的界定尚不统一，不少的学者从不同的研究角度出发来探讨职业素质教育的含义，大致归纳起来有以下四种：一为“选择论”，认为职业素质教育就是要帮助个人寻找与其心理特征相一致的职业，以达到人与职业的科学匹配；二为“发展论”，主张把人的职业意识、职业选择、职业适应看成是一个连续不断的长期发展过程；三为“过程论”，提出职业素质教育是一个动态教育过程；四为“服务论”，把职业素质教育看成是一种为求职者提供帮助的社会服务活动。对于职业素质教育的内涵，从不同的角度会有不同的理解，但是对于职业素质教育的总体目标是统一的。职业素质教育的总体目标就是通过信息交流、咨询指导、就业帮助等多种方式，达到人职匹配，使社会人力资源有效开发，合理配置，发挥最大效益，促进社会整体发展。随着对职业素质教育在理论和方法上的不断研究和发展，职业素质教育内容得到不断丰富。

---

①〔美〕大卫·麦克利兰.测量胜任力而非智力[J].美国心理学家，1973，28(1)

②〔美〕斯蒂芬·P.罗宾斯.组织行为学精要(第8版)[M].郑晓明，葛春生，译.北京：电子工业出版社，2013

职业素质教育不同于就业教育，就业教育主要强调帮助择业者根据身心特点选择适合自己的职业，而职业素质教育却是一个长期、科学和系统的过程。职业教育是职业素质教育不可缺少的一个重要环节，是个体确定职业的关键性步骤，是职业生涯的开端。根据工作对象的不同，职业素质教育可以分为社会职业素质教育和学校职业素质教育，学校职业素质教育又分为中学职业素质教育、高校职业素质教育等。本书研究的对象范围界定在高校，即以通过国家规定的专门入学考试的高级中学毕业生为主要培养对象的全日制大学。高校职业素质教育是一个教育、培养和援助的过程，通过各种途径促进大学生职业素质发展，并指导学生顺利由学校过渡到职业社会。

国外职业素质教育理论从20世纪诞生以来，从概念到思想都发生了很大的变化，国外职业素质教育理论的全面发展要归功于心理学，尤其是心理测验技术的发展。二战后，社会学家和职业指导工作者广泛运用心理学以及社会学、经济学等原理和方法研究职业问题。20世纪50年代后，逐渐形成众多的职业素质教育理论派别，职业素质教育理论倾向于系统化和多样化。较成熟的理论研究成果有：特性—因素论、人格类型论、职业发展论、需要论、心理动力论、机会—结构论、行为论、决策论等。特性—因素论由美国职业素质教育专家弗兰克·帕森斯创立，该理论认为每个人都具有不同于他人的个性特点，也就是有“特性”，并且认为，人的特性是可以运用科学手段加以测量的，这些特性，又与职业因素相关，职业因素是指通过分析所获得的职业对人的要求，职业素质教育就是要解决人的特性与职业因素相适应的问题。人格类型论由美国职业素质教育专家霍兰德于1959年首次提出，该理论强调人格与职业的匹配，通过自我评定和类型测定，把被指导者的职业类型和相应的职业群加以确定，为青年毕业生和社会求职者进一步选择职业提供心理依据。霍兰德的理论把人格类型划分为六种，六种基本人格类型依类型相近关系又分为30种交叉型和120种混合交叉型，每一种人格类型对应有相应的职业群。职业素质教育就是个人要找到与自己人格类型相适应的职业群，达到人—职的合理匹配。职业发展论是美国职业素质教育专家金斯伯格提出的，刚开始是零散的一些理论，20世纪50年代逐渐形成了职业发展理论体系。职业发展论认为，人的职业经历是一种持续发展的过程，如同身心发展一样，随着人的年龄、资历、教育等因素的变化而变化，它是一个连续的、长期的、涉及整个人生的漫长过程。这一理论以发展心理学为理论基础，综合差异心理学、职业社会学以及人格理论的有关原理，从发展的观点来探究职业选择的过程，研究个体的职业行为、职业发展阶段和职业成熟，因而成为西方职业素质教育领域的重要理论学说。需要论由美国临床心理学家安妮·罗欧所创。罗欧认为，职业素质教育单单研究人与职业的匹配是远远不够的，人的职业兴趣并不是在面临升学或就业时才产生，而是从小形成，是一个过程，职业素质教育就是帮助个人识别自己的基本需要，发展满足需要的技术，消除需要发展中的障碍。心理动力论是美国心理学家鲍定、纳奇曼、施加等人创立的，强调个人内在动力和需要等动机因素在个人职业选择过程中的重要性。20世纪60年代，职业发展理论在英国受到从利物浦大学的罗伯兹为代表的某些社会学家的抨击，罗伯兹提出一种新的理论——机会—结构理论。罗伯兹指出，在英国社会中，人们的职业获得受到职业机会和社会结构的限制，也就是说，人们从事某种职业取决于家庭的社会经济地位、学校选拔和雇佣选拔，人们并没有自由选择职业，只是被动地接受可以获得的职业，通过职业素质教育来发展学生的职业意识、从事职业指导是没有价值的，反而只能引起学生产生不现实的职业期望，职业素质教育的重心应从学校转到帮助失业青年寻找工作。行为论将行为学派的社会学习原理运用于职业素质教育，以此探讨职业素质教育中社会、遗传与个人因素对职业决策的影响，从而设计训练或指导计划，帮助提高个人职业选择的能力。决策论强调意识与决策行为在个人职业成熟与发展中的重要作用，认为个人在面对职业决策时不能做出选择，主要原因不是当事人缺乏个人或职业信息，而是缺乏系统的、有步骤的职业决策方法。除了上述理论以外，国外职业素质教育理论还有其他流派，这些理论为职业素质教育提供了重要的理论依据，对职业素质教育工作的全面深入开展起到了不可估量的指导作用。

二、国内高校职业素质教育研究概况

国内的学者也对大学生职业素质教育进行了一些卓有成效的研究。解思忠在其所著的《大学生素质读本》①一书中将素质按类别划分，分为人格、精神、道德、文化、科学、职业、健康、审美八种素质。职业素质分为角色意识、敬业精神、时效意识、团队精神四种。房保常在编著的《事在人为——优秀员工必备的十项素质》②一书中指出，依据成功企业多年的管理实践，优秀员工具备十个方面的素质：忠诚可靠、热忱工作、独当一面、团队意识、开拓精神、自我提高、乐观自信、善于沟通、锲而不舍、能识大体。这十条已成为许多公司录用员工、培养和提拔人才所遵循的准则。在雷瑛主编的《IT职业素养》③中，全面介绍了作为一名合格的IT从业人员所必须具备的职业基本素质，包括：责任感、学习能力、创新能力、协作能力、沟通能力、树立职业人士的积极心态、掌握科学工作方法、掌握必要的职业技巧等。王胜桥、敖晓妍的《关于高校职业指导战略的研究》④一文指出高校毕业生就业指导应重视四方面的战略：实现职业指导理念的更新、加强职业指导理论的研究、培养学生就业心理素质、强化现代信息技术在职业指导中的应用。李向东、卢双盈在其专著《职业教育学新编》⑤中总结了运用经典职业指导理论的策略。田光哲、李祥伟在《创新职业指导：新理念》⑥一书中系统介绍了国内促进职业指导有效实施的职业指导三级预防策略和全员化职业指导策略。职业指导三级预防策略：一级预防主要针对问题未暴露期；二级预防可称为问题前期预防；三级预防可称为问题预防。全员化职业指导策略中和高校职业指导相关的具体策略为全员参与（教师、学生、家长和社会的参与）和搭建五级工作网络的职业指导工作平台（一级为校领导；二级为中层教学管理人员；三级为就业指导教师；四级为班主任；五级为学生代表）。国内的一些人力资源机构也在做职业素质方面的研究。据介绍，现在大学生就业面临的最大困难不是成绩、知识和经验的欠缺，而是职业规范、职业意识等职业素质的缺乏，企业招聘人才的标准有接近七成的权重放在应聘者的职业素质上。

①解思忠.大学生素质读本[M].北京：机械工业出版社，2002

②房保常.事在人为——优秀员工必备的十项素质[M].北京：华艺出版社，2005

③雷瑛.IT职业素养[M].北京：高等教育出版社，2007

④王胜桥，敖晓妍.关于高校职业指导战略的研究[J].中国职业技术教育，2003(2)

⑤李向东，卢双盈.职业教育学新编(第2版)[M].北京：高等教育出版社，2009

⑥田光哲，李祥伟.创新职业指导：新理念(基础知识)[M].北京：中国劳动社会保障出版社，2005

这些研究从大学生发展的特点、大学生职业素质发展的任务以及如何在更大的程度上推动职业指导的角度提出职业指导的策略，对培养大学生职业素质的高校职业指导基础建设也提出了一定的建议，但是提出的高校职业素质教育模式和方法理论与实际有一定脱节，可操作性低，没有多少实际效果。

第三节　高职院校学生职业素质教育研究概况

近年来，我国高等职业教育快速发展，高职院校数量和学生人数都已占据我国高等教育的“半壁河山”。在这一形势下，越来越多的高职院校开始重视学生职业素质教育工作，而学术界对高职院校学生职业素质教育的研究也取得了一定的成绩。目前，学术界对高职院校学生职业素质教育的研究主要集中在以下四个方面。

一、对高职院校学生职业素质教育内容的研究

马必学、王式正在主编的《职场必修——高等职业教育学生职业素质培养与训练》①一书中认为高职院校学生职业素质教育的内容包括以下几个方面：职业理想、职业意识、职业道德、职业能力、职业心理、职业交往能力、职业形象和职业潜能等。

应晓红在《高职学生职业素质养成实现途径》②一文中认为高职学生职业素质构成主要有职业道德、职业意识、职业知识、职业技能、职业心理和职业精神等。

苏国晖在《从素质本位看高职学生的职业素质》③一文中认为高职学生应该具有人格素质、专业素质和创新素质三大职业素质。

胡远萍在《高职教育学生职业素质培养的探索》④一文中认为职业素质是胜任某一职业所具备的综合素质，主要包括职业意识、职业知识和技能、职业道德、职业心理及形象等。

戴亚娥在《高职学生职业素质教育体系的构建与实施》⑤一文中把职业素质教育的体系归纳为：职业个性、职业理想、职业道德和职业能力四个部分。

韩香玲在《高职院校加强职业素质教育的意义和对策》⑥一文中把职业素质划分为职业技能素质、职业综合素质、职业道德素质和专业创新素质四个层次。

刘东风等人在《高职院校职业素质模块化理论及其实现途径研究》⑦一文中认为职业素质应划分为职业道德、职业理想、职业情感、职业规范、职业心理、创新和创业素质等。

周光宇在《浅析高职学生职业素质教育的内涵与实施》⑧一文中认为高职学生职业素质包括身体素质、心理素质、政治素质、思想素质、道德素质、科技文化素质、审美素质、专业素质、社会交往素质、适应素质、创新素质等。

---

①马必学，王式正.职场必修——高等职业教育学生职业素质培养与训练[M].北京：高等教育出版社，2005
②应晓红.高职学生职业素质养成实现途径[J].当代青年研究，2010(3)
③苏国晖.从素质本位看高职学生的职业素质[J].中国大学生就业，2007(15)
④胡远萍.高职教育学生职业素质培养的探索[J].长沙通信职业技术学院学报，2008(4)
⑤戴亚娥.高职学生职业素质教育体系的构建与实施[J].职业技术教育，2008(32)
⑥韩香玲.高职院校加强职业素质教育的意义和对策[J].中国成人教育，2011(4)
⑦刘东风，钱群雷，周月友.高职院校职业素质模块化理论及其实现途径研究[J].科技创新导报，2009(30)
⑧周光宇.浅析高职学生职业素质教育的内涵与实施[J].辽宁高职学报，2009(6)

潘虹在《浅谈高职学生的职业素质教育》[①]一文中把高职学生职业素质教育培养的内容归纳为健康素质、能力素质、道德素质、专业素质、合作素质、交往素质、学习素质、创新素质、审美素质九个方面。

赵翠敏、孟少武在《高职院校职业素质评价模块的构建与实施》[②]一文中把职业素质教育归纳为"六育",即:思想道德素质教育、心理健康素质教育、职业素质与能力教育、社会活动实践素质教育、创新创业素质教育、文化活动素质教育。

李银怀在《高职要以职业素质教育为核心》[③]一文中认为高职学生应具备的职业素质包括职业理想、职业态度、职业义务、职业纪律、职业良心、职业荣誉和职业作风。

张万莲在《论高职高专学生职业素质的培养》[④]一文中认为高职高专学生职业素质培养应着重围绕以下七个方面进行:健康素质、能力素质、道德素质、专业素质、社会交往和适应素质、学习创新方面的素质、审美素质。

综上所述,学术界对高职学生职业素质教育内容虽然有不同的归纳和表达方式,但其核心内容都基本趋于一致。本书编者认为,高职院校学生职业素质教育的内容包含职业能力和职业素养两大部分。职业能力又分为岗位专业能力和通用职业能力。职业素养则主要包括职业精神、职业心态、社交礼仪素质、自我管理和法律素养等方面的内容。由于岗位专业能力具有较强的专业性和针对性,在本书理论研究篇中,将主要对通用职业能力和职业素养进行研究。

二、对高职院校开展学生职业素质教育意义的研究

何铁男在《谈高职学生职业素质的培养》[⑤]一文中认为在现代社会中,职业素质是人们从事职业活动的重要前提条件,一个人若不具有一定的职业素质,就很难适应社会的需要,无法实现自己的人生价值。因此,在高职院校中应加强职业素质的培养,并将其贯穿于学生在校学习的全过程。

钱群雷、丁燕在《高职院校学生职业素质教育途径探究》[⑥]一文中指出在现代社会中,职业素质是人们从事职业活动的重要前提条件,一个人若不具有一定的职业素质,就很难适应变幻莫测的世界,无法实现自己的人生价值。因此,加强对高职院校学生的职业素质教育具有非常重要的现实意义。

潘虹在《浅谈高职学生的职业素质教育》[⑦]一文中认为:加强高职学生职业素质教育是培养"全人"的需要,是高职学生就业生存的需要,是适应全球化发展的需要。

张万莲在《论高职高专学生职业素质的培养》[⑧]一文中指出职业素质培养的意义在于:它是职业成功的主要条件,它决定人获得的职业岗位,它决定个人的职业成长。因此,高职高专大学生必须及时有效地加紧职业素质培养,使自己成为社会合格及优秀的大学毕业生,为自己的职业生涯铺平道路。

---

①潘虹.浅谈高职学生的职业素质教育[J].机电产品开发与创新,2010(5)

②赵翠敏,孟少武.高职院校职业素质评价模块的构建与实施[J].科技信息,2011(20)

③李银怀.高职要以职业素质教育为核心[J].文教资料,2006(22)

④张万莲.论高职高专学生职业素质的培养[J].天津职业院校联合学报,2011(3)

⑤何铁男.谈高职学生职业素质的培养[J].才智,2010(14)

⑥钱群雷,丁燕.高职院校学生职业素质教育途径探究[J].科技资讯,2009(21)

⑦潘虹.浅谈高职学生的职业素质教育[J].机电产品开发与创新,2010(5)

⑧张万莲.论高职高专学生职业素质的培养[J].天津职业院校联合学报,2011(3)

田华在《高职教学的职业素质教育》①一文中认为推行职业素质教育有利于提高学生择业就业的竞争力，有利于提高学生职业转换适应能力，有利于激发学生创新意识、提高学生创新能力。

何伊都在《高职高专院校学生的职业素质培养途径探析》②一文中认为重视对高职高专学生职业素质的培养，对提高他们的就业竞争能力、促进其全面发展起着重要的作用。

王雅芹等在《论高职院校学生职业素质的培养》③一文中指出高职院校开展职业素质教育是适应社会主义市场经济的需要和高职院校自身发展的需要。

潘玉昆在《关于加强高职学生职业素质教育的思考》④一文中指出大力加强高职学生的职业素质教育，能够培养出数以千万计的专门人才，完成党的十六大对高职教育提出的任务和要求；大力加强高职学生的职业素质教育，可以改变我国劳动力市场的素质结构，提高我国劳动力的整体素质水平，大大增强生产能力，提高劳动生产率和生产效益，从而增强综合国力；大力加强高职学生的职业素质，能够提高高职学生的就业竞争能力，丰富大学生整体就业结构的层次，满足社会不同层次职业和单位的需要，缓解我国目前社会的就业压力；大力加强高职学生的职业素质，能够规范并逐渐形成我国社会主义高素质劳动者的形象，不断提高职业道德水平，提高产品质量，维护企业声誉，提高竞争力，为企业和社会创造更多的经济价值和社会价值。

以上这些观点从不同角度对当前高职院校开展学生职业素质教育工作的重要意义进行了归纳。由此可以看出，加强学生职业素质教育在促进高职学生全面成长成才，培养适应社会经济发展的高端技能型人才过程中发挥着不可替代的重要作用。高职院校应当把学生职业素质教育放在学校教育教学工作中的重要位置，深入、扎实、有效地开展学生职业素质教育相关活动。

三、对当前高职院校学生职业素质教育存在问题的研究

王宏在《高职院校职业素质教育模块化的探索》⑤一文中认为当前高职院校学生职业素质教育中主要存在以下一些问题：(1)职业素质教育缺少一个整体的计划和安排；(2)职业素质教育未能满足全体学生的就业需求；(3)传统的素质教育难以全面涵盖职业性特色；(4)职业素质教育未能贯穿学生在校的全过程；(5)职业素质教育缺乏新的教学模式和方法；(6)职业素质教育缺少全员参与机制。

何伊都在《高职院校学生职业素质状况的调查分析》⑥一文中根据问卷调查结果分析当前高职院校学生职业素质教育的培养主要存在如下三个方面的问题：(1)高职院校学生重视职业技能，轻视职业道德；(2)高职院校学生就业准备不足，忽视职业规划；(3)高职院校学生不了解社会需求，忽视对自身素质的综合提升。

---

①田华.高职教学的职业素质教育[J].知识经济，2011(18)

②何伊都.高职高专院校学生的职业素质培养途径探析[J].济南职业学院学报，2011(4)

③王雅芹，王璐，温伟.论高职院校学生职业素质的培养[J].中国成人教育，2007(14)

④潘玉昆.关于加强高职学生职业素质教育的思考[J].辽宁教育行政学院学报，2004(2)

⑤王宏.高职院校职业素质教育模块化的探索[J].继续教育，2006(12)

⑥何伊都.高职院校学生职业素质状况的调查分析[J].中国科技信息，2011(9)

李奕在《和谐社会视野中的高职生职业素质培养》①一文中认为当前高职学生职业素质教育主要存在两个方面的问题:(1)针对生源素质的因材施教做不到位;(2)强调职业素质教育的实用性、定向性和功利性,忽略了职业素质教育的全面性和可发展性。

黎品良在《关于高职院校职业素质教育的思考与创新》②一文中指出我国高职院校职业素质教育存在的主要问题有:(1)当代大学生受“应试教育”影响根深蒂固,不注重综合素质能力的提高;(2)传统的职业素质教育只注重理论教学,教学上缺乏创新;(3)高等教育“以专业为中心,以行业为目标,以就业为导向”,教育方式、制度传统化、模式化,缺乏改革与创新等人才教育培养模式,导致学科单一,专业划分过细,学生的知识结构“单薄”,学生独立思考、创新意识缺乏等诸多问题;(4)我国的高等职业院校至今都还未建立一套完善的职业素质教育理论和实践体系,高职院校的师资队伍素质整体结构不合理。

从这些研究中可以看出,当前高职院校学生职业素质教育中存在着许多问题。为了解决这些问题从而不断加强和改进高职院校学生职业素质教育工作,必须构建起一套科学、完整、实用的学生职业素质教育体系,从指导理论和人、财、物等各个方面对学生职业素质教育工作给予充分的保障。

四、对高职院校开展学生职业素质教育的方法和途径的研究

高宏丽在《浅谈高职学生职业素质的培养》③一文中对高职学生职业素质的培养途径进行了归纳:(1)对学生职业素质的培养应贯穿整个教学过程;(2)改革传统的教学模式实现职业素质培养的有效性;(3)充分利用第二课堂对学生进行职业素质的培养;(4)采取有效的措施指导学生吸取更多的专业知识,完善知识结构,增加就业能力。

郭惠玲在《高职院校加强职业素质教育的途径探讨》④一文中认为加强高职院校学生职业素质教育主要有如下途径:(1)以职业道德教育为重点,提高学生的职业道德素质;(2)以传授科技理论知识为基础,增强学生的职业知识素养;(3)以实践教学为途径,培养学生的职业素质能力;(4)将创新精神的内容融入教学之中,培养学生的职业竞争意识;(5)以校园文化建设为载体,提高学生的人文素质;(6)以职业心理辅导为牵引,培养大学生的职业心理素质。

宫玉杰在《论高职人才职业素质教育》⑤一文中认为高职人才职业素质教育的主要途径有:(1)职业素质教育纳入教学计划;(2)职业素质教育渗透于专业课程中;(3)职业素质教育贯穿教学全过程;(4)实施“大学生素质拓展计划”是高职院校职业素质教育的重要补充;(5)营造良好的校园环境。

孙颖在《关于高职院校学生职业素质培养的几个关键问题》⑥一文中认为提高职业素质教育的水平,主要应从以下几个方面入手:(1)加强师资队伍建设;(2)采取灵活的教学形式;(3)注重学生主动意识和创新意识的培养;(4)建立有效的测评机制。

---

①李奕.和谐社会视野中的高职生职业素质培养[J].襄樊职业技术学院学报,2009(5)

②黎品良.关于高职院校职业素质教育的思考与创新[J].大众科技,2011(8)

③高宏丽.浅谈高职学生职业素质的培养[J].辽宁农业职业技术学院学报,2010(4)

④郭惠玲.高职院校加强职业素质教育的途径探讨[J].贵州商业高等专科学校学报,2006(3)

⑤宫玉杰.论高职人才职业素质教育[J].辽宁高职学报,2007(1)

⑥孙颖.关于高职院校学生职业素质培养的几个关键问题[J].长春理工大学学报(高教版),2008(1)

何伊都在《高职院校学生职业素质状况的调查分析》①一文中提出了提高高职院校学生职业素质的主要对策：(1)注重日常生活学习细节，规范自身的日常行为，培养自身良好的行为习惯，提高职业道德修养；(2)以学生为本，明确高等职业教育的培养目标；(3)加强高职院校学生的职业辅导，引导学生及早制订职业规划；(4)充分发挥社团的作用，通过参加社团活动，锻炼提高职业素质；(5)加强"工学结合"，通过顶岗实习，养成职业素质。

周光宇在《浅析高职学生职业素质教育的内涵与实施》②一文中认为实施职业素质教育的途径有以下几个方面：(1)建立职业素质教育课程管理中心，创新职业教育课程体系；(2)建立向职业素质教育倾斜的高等职业技能型人才培养模式；(3)加强就业与创业素质教育；(4)将企业文化引进校园；(5)培养优秀的职业化教师。

戴亚娥在《高职学生职业素质教育体系的构建与实施》③一文中认为职业素质教育的实施有以下途径：(1)全学程实施，确保职业素质教育统筹规划、整体推进；(2)全方位展开，确保职业素质教育覆盖学生学习、生活、思想的方方面面；(3)全员参与，确保职业素质教育责任到位；(4)创设"职业素质学分银行"，全面实施职业素质教育。

张静在《对高职学生职业素质教育一点思考》④一文中把高职学生职业素质教育的途径和方法归纳为：(1)把职业素质教育融入专业教学过程中；(2)将职业就业指导与职业素质教育相结合；(3)在实习、实训中加强职业素质教育；(4)把职业素质教育贯穿教学全过程；(5)大力开展职业素质教育校园活动；(6)利用社团活动培养学生的职业道德素质；(7)利用思想政治教育传统载体和阵地培养学生的职业素质；(8)实施"大学生素质拓展计划"是高职院校职业素质教育的重要补充；(9)营造良好的校园环境为学生职业道德素质的培养奠定基础。

颜艳在《高职院校学生职业素质的养成路径探析》⑤一文中指出培养高职学生职业素质的四个方向：(1)理念优化：遵循就业导向的职业素质教育；(2)课程细化：构建有层次的职业素质课程体系；(3)实战强化：组织有效的实践教学与社会实践；(4)环境内化：营造高品位的校园职业文化环境。

钱群雷、丁燕在《高职院校学生职业素质教育途径探究》⑥一文中认为高职院校学生职业素质教育的途径包括以下几个方面：(1)高职院校学生的职业素质教育应当贯穿其大学教育的始终；(2)高职院校学生的职业素质教育应当纳入专业课程体系之中；(3)高职院校学生的职业素质教育应当渗透于素质教育的各个方面；(4)高职院校学生的职业素质教育应当通过强化实践环节来实现；(5)建立科学的评价体系，帮助学生更好地认识自己；(6)良好的校园文化氛围为高职生职业素质的培养提供了沃土。

何铁男在《谈高职学生职业素质的培养》⑦一文中认为高职院校学生职业素质教育培养的主要途径有：(1)加强职业道德教育，提高职业道德素质；(2)优化课程体系，改进

---

①何伊都.高职院校学生职业素质状况的调查分析[J].中国科技信息，2011(9)

②周光宇.浅析高职学生职业素质教育的内涵与实施[J].辽宁高职学报，2009(6)

③戴亚娥.高职学生职业素质教育体系的构建与实施[J].职业技术教育，2008(32)

④张静.对高职学生职业素质教育一点思考[J].中国科技信息，2009(3)

⑤颜艳.高职院校学生职业素质的养成路径探析[J].无锡商业职业技术学院学报，2010(6)

⑥钱群雷，丁燕.高职院校学生职业素质教育途径探究[J].科技资讯，2009(21)

⑦何铁男.谈高职学生职业素质的培养[J].才智，2010(14)

教学方法，把职业素质教育贯穿高职教育始终；(3)优化教师队伍，提升教师的职业素质；(4)开展丰富多彩的校园文化活动和社会实践活动，提高学生的职业素质；(5)加强实践教学，以职场实践促进职业素质的提高；(6)建立与职业素质培养相适应的考评体系。

周春丽、李萌在《高职学生职业素质提高与对策》①一文中提出了提高高职学生职业素质的主要对策：(1)贯彻全程化职业指导，明确学生成长目标；(2)发挥课堂教学主阵地作用，扎实知识基础；(3)积极搭建校内、校外实践平台，锻炼实际工作能力；(4)挖掘学生社团的潜在作用，提升学生综合素质。

以上的研究从不同的方向和切入点指出了许多高职院校开展学生职业素质教育的方法和途径。而在本书中，还将就如何构建出一套科学、完备、实用的学生职业素质教育体系进行介绍。

①周春丽，李萌.高职学生职业素质提高与对策[J].世纪桥，2011(11)

第二章　职业素质教育概述

第一节　职业素质教育内涵

一、职业素质教育含义

21世纪，成功与成才已不单依靠技术或技能，而是更强调良好的个人品质、终身学习的理念和与人合作的精神。现代社会要求高职院校学生必须学会学习、学会做事、学会生活、学会生存，这充分说明了高职院校学生需要努力培养自己知识、技能之外的职业素养。

职业素质是指从业者在一定生理和心理条件基础上，通过教育培训、职业实践、自我修炼途径形成和发展起来的，在职业活动中起决定性作用的、内在的、相对稳定的基本品质。

职业素质教育是指依据人的发展和社会发展的实际需要，以全面提高全体学生的基本素质为根本目的，以尊重学生主体性和主动精神，以注重开发人的智慧潜能，注重形成人的健全个性为根本特征的教育。职业素质教育受很多因素的影响，主要包括受教育程度、社会实践、工作经历以及自身的一些基本状况等。高职院校学生毕业后能否顺利就业并取得成就，在很大程度上取决于个人的职业素质。职业素质越高，获得就业和成功的机会就越多。但是职业素质并非与生俱来，需要在大学期间不断地结合系统的学习和训练，经过长期的积累才能形成。

二、“应试教育”的界定

这里所说的“应试教育”是指偏离了人的发展和社会发展的实际需要，单纯为迎接考试争取高分和片面追求升学率的一种教育。也可以说，“应试教育”是一个贬义词。“应试教育”指什么，这本是一个规定性问题。规定性定义无正误之分，但有之别。约定俗成的理解或权威的理解，为优。

关于“应试教育”的定位及含义，虽还未完全达成共识，但已经有了一个相对权威的解释。在《中国教育改革和发展纲要》这一纲领性文件、《中华人民共和国国民经济和社会发展“九五”计划和2010年远景目标纲要》这一法律性文件中以及许多较正规的科学论文中，“应试教育”一词均被打上引号，表明它有特定的内涵，是特指义，被作为一个贬义词来使用。

把“应试教育”理解为一个贬义词，并不是整个否定现行教育的概括，而是对现行教育中存在着的单纯以应考为目的而产生的诸多弊端的概括。“现行教育”是一个现实的、完整的存在，其间有成就的方面(无疑这是主流和第一位的)，也有问题的方面，有积极的因素，也有消极的因素；而“应试教育”则是对“现行教育”这一现实中存在的若干问题、弊端的概括与抽象。

"应试教育"指什么，这是一个前提性问题。在这个问题上认识不一，就无法理解克服"应试教育"倾向，摆脱"应试教育"影响的必要性。在这个问题上认识不一，就去争论素质与"应试教育"是不是对立等问题，是没有意义，也没有结果的。

三、素质与素质教育的关系

素质与素质教育有着密切的联系。人的素质的提高离不开教育。需要有什么样的素质，就应有与之相对应的素质教育。人的素质大致可分为生理素质、心理素质和社会文化素质。若详细划分，人的素质可分为思想道德素质、科学文化素质、身体素质、心理素质、审美素质和劳动技能素质等。素质具有整体性，人的诸方面素质不是孤立存在的，而是互相制约、相互依存的整体。

关于素质教育的含义，国家教委在《关于当前积极推进中小学实施素质教育的若干意见》中做了明确解释："素质教育是以提高民族素质为宗旨的教育。它是依据《教育法》规定的国家教育方针，着眼于受教育者及社会长远发展的要求，以面向全体学生、全面提高学生的基本素质为根本宗旨，以注重培养受教育者的态度、能力，促进他们在德智体等方面生动、活泼、主动地发展为基本特征的教育。"素质教育必须遵循人的素质整体结构的规律，从人的整体素质结构出发，使素质教育与人的素质结构相适应，养成人的整体素质。现代素质教育不仅深入素质的生理与心理层面，而且扩展到社会文化层面。素质是个体性、群体性和民族性的统一。这就要求既重视个体的各种素质的教育，又重视群体素质的完善，还要致力于全民族整体素质的提高。素质教育主要包括内在素质和外在素质。内在素质主要是人对世界、环境、人生的看法和意义，包括人的世界观、人生观、价值观、道德观等，也就是一个人对待人、事、物的看法，也可以成为人的"心态"。外在素质就是一个人具有的能力、行为、所取得的成就等。

四、职业素质教育的重要意义

21 世纪人类社会将逐步由工业化社会进入信息化社会，日新月异的科技进步，如火如荼的经济社会发展，竞争激烈的社会变革，世界运动方式发生根本的变化，创造出以前根本不可能想象的新产品、新服务系统、新兴行业和新的就业机会。因此，人们必须具有不同的技能，必须能够适应种种工作，必须具有较高的职业素养。第二届国际技术与职业教育大会主题工作文件指出对人的素质要求在变化，不仅是知识技能的提高，更重要的是能应变、生存和发展。21 世纪竞争的核心是造就一支有生产力、灵活的、有创新能力的劳动大军，这也说明职业素质教育对职业院校学生来讲具有非常重要的意义。

在我国的高等教育中，目前践行的仍然是以专业知识培养为主导的传统培养模式，随着知识经济时代的到来，社会分工的细化，大学毕业生与用人市场的供求关系也发生着深刻的变化，专业培养与社会需求之间的不协调发展日益显现出来，用人单位对大学毕业生的职业素质要求不断提高。据 2013 年有关部门统计，75％以上的用人单位认为当代应届大学生的职业素质较差；80％以上的用人单位认为当代应届毕业生没有达到企业的职业素质的要求；90％以上的用人单位认为当代应届大学生至少需要经过一至二年的社会洗礼才能符合企业的职业素质要求。在我国某知名企业的招聘现场，招聘主管曾表示："如果在职业素质、动手能力和社会经验之间选择，企业用人一定首先选择职业素质”，可见，职业素质已成高校毕业生是否被录用的首道门槛。在《国家中长期教育改革和发展规划纲要（2010－2020）》中也明确指出，要“以提高质量为核心，全面实施素质教育，推动教育事业在新的历史起点上科学发展，加快从教育大国向教育强国、从人力资源大国向人力资源强国迈进”。如何提升大学生的职业素质，已经成为我国高等教育中迫在眉睫的问题。

高职院校在培养高素质的劳动者和专门人才方面将发挥其重要作用。近年来，一大批高职学生已经在各自的工作岗位上建功立业，为祖国的社会主义现代化建设事业做出了突出的贡献。但是，少数高职学生在用人单位的表现也不尽如人意，心理素质过差，不能很好地适应岗位，动辄不辞而别，甚至违法乱纪，诚信缺失等不良行为已经严重影响到高职学生的声誉。虽然这些问题与社会大环境、家庭小环境有很大关系，但也与高职学生缺乏职业素质教育有很大关系。全面推进素质教育，不仅是加快培养具有创新精神和创造力的高素质人才的需要，也是培养高素质技能型人才的需要。我们一定要从社会主义现代化建设全局的战略高度出发，深刻理解和把握全面推进职业素质教育的重要意义。

五、职业素质教育的主要目标

大学生素质指大学生在高等教育阶段的学习和实践中发展起来或形成的内在的、相对稳定的、对大学生持续发展具有积极意义的主体特性和品质，其综合效应表现为认识和改造主客观世界的知识和能力。大学生素质是知识内化和升华的结果。

高职院校实施素质教育的主要目标有以下几点：

一是思想道德素质：坚持四项基本原则，热爱祖国、热爱社会主义、热爱中国共产党，努力学习马列主义、毛泽东思想、邓小平理论和“三个代表”重要思想，树立正确的世界观、人生观、价值观。加强企业文化熏陶，养成良好的道德品质和文明行为习惯，努力做到爱国守法、明礼诚信、团结友善、勤俭自强、敬业奉献。

思想政治素质是职业素质的灵魂。思想政治素质是人们在政治上的信念和信仰，它体现了一个人的理想信念方面的修养达到的状况和水平，它对其他素质起着统帅作用，规定着其他素质的性质和方向，江泽民同志说：“要说素质，思想政治素质是最重要的素质，不断加强学生和群众的爱国主义、集体主义、社会主义思想是素质教育的灵魂。”因此，我们应教育学生树立正确的世界观和价值观。科学的世界观告诉我们，人生的价值在于对社会的贡献和创造，只有在为社会创造幸福的过程中才能获得个人的幸福。要正确处理个人利益和社会利益关系，树立为人民服务的人生观、价值观，把国家的利益放在首位。理想信念是思想政治素质的核心，它是推动和鼓舞人们不断进取的精神动力。教育学生从现在做起，树立正确的职业理想、道德理想和生活理想并为之而奋斗；同时要加强社会主义荣辱观教育，树立正确的人生观、价值观，为将来立业、创业奠定坚实的思想政治基础，为把我国建设成文明、富强、民主的国家而努力奋斗。

二是职业道德素质：立足生产、建设、管理、服务第一线，脚踏实地，吃苦耐劳，爱岗敬业，具有创新能力和创业精神。

职业道德素质是职业素质的保证。职业道德素质是人们在职业活动中通过教育和培养而形成的职业道德方面的状况和水平。它包括职业态度和道德修养的水平等。职业态度是人们对待自己职业的看法和行为表现。作为高等职业学校，应培养学生正确的职业态度，把职业当成事业，以培养他们健康的职业情感，为以后通过职业为社会奉献聪明才智打下良好的基础。职业道德修养是劳动者在学习实践职业道德过程中所达到的一种精神状态，我们应时刻教育学生在职业生活中认真按照职业道德规范来要求自己，努力做到“慎独”，达到道德修养的最高境界。

良好的职业道德素质，能够促使劳动者忠实地履行自己的职责。整个社会生活就像一台和谐运转的大机器，各行各业承担的职责就是这台大机器上的各部件。社会就是依靠各种职业承担不同的职责，来完成整个社会的良性运转，而模范地遵守职业道德则是人们忠实地履行职业责任的重要保证。一个人只有具备一定的道德修养，才能在职业生活中刻苦地钻研业务，提高技能，讲究产品质量、服务质量，注重信誉，忠实地履行岗位职责。为此，学生在校期间，应多参加社会实践和生产实习，亲自去体验社会，为养成良好的职业道德素质打下基础。

三是人文素养与科学素质：具有较为宽阔的视野，文理交融；具有一定的科学思维和科学精神；具备健康、高雅的审美情趣和正确的审美观点，有较强的审美能力；个性鲜明，学有所长；有较强的法律意识，能自觉遵纪守法。

科学文化素质是职业素质的基础。科学文化素质是人们对自然、社会、思维、科学知识等人类文化成果的认识和掌握的程度，它是一个人基本素养的体现，具体包括科学精神、求知欲望、创新意识。科学精神就是一个人在求职领域的进取、开拓、创新、奉献精神。镭的发现者居里夫人是一位家喻户晓的科学家，由于对世界科学与医学做出杰出的贡献，她曾两次获诺贝尔奖。她一生充满了磨难，求学时一贫如洗，中年时又失去了相濡以沫的丈夫，但这都没有动摇居里夫人对科学的不懈追求，她不向贫困弯腰，不向财富低头，更不为荣誉所累。从她身上体现出来的就是一种伟大的献身精神。这种精神非常值得我们高等职业学校的学生学习。

作为高等职业学校的学生，求知欲是可贵的，没有了求知欲，也就没有了进取向上的健康理念，这是非常危险的。我们应努力培养学生的学习兴趣和对知识的渴望，教育他们多读书。书是人类进步的阶梯，是知识的系统化和理论化。世界上凡是科学文化素质较高的民族，没有一个不是读书的民族。读书是提高科学文化素质的基础，读书越多掌握的科学文化知识就越多，进取心也越强，创新意识也随之增强。创新是一个民族的灵魂，是一个国家兴旺发达的不竭动力，只有创新才能促进社会发展，实现人类进步。我们应当有意识地培养学生的创新能力。使他们成为社会的建设者。在为社会做贡献的同时，也可以使他们展现自我能力、实现自我价值。科学文化素质是职业素质的基础，科学文化素质越高，专业知识结构就越坚实，即使将来重新选择职业，也能很快适应新的工作环境和要求。如果不掌握一定的科学文化知识，就不可能拥有过硬的职业素质。

四是身心素质：具有健康的身体，养成良好的生活习惯，爱好运动，懂得强身健体与自我保护；具有良好的个性品质和抗挫能力，具有较强的心理调适能力。

身心素质是职业活动的关键。在职业活动中，健康的体魄和健全的心理二者缺一不可。身体健康而精神萎靡或做事有严重的心理倾向性，肯定做不好工作。身体是本钱，精神是保证，良好的身心素质是幸福生活的开始，是成就事业的基础。一个人只有身体好、精力充沛、乐观自信，才能以积极的心态面对生活和工作中的困难与挫折。在知识经济时代，社会的发展和知识的更新速度日益加快，压力大已成为现代人生活的主旋律。可以说，健康的体魄对于人抵御生活中的各种压力起着极为重要的作用。

五是专业素质与能力:掌握较高的科学文化知识和专业技能,掌握相关职业岗位的有关技术和工作能力,善于与人合作,有一定的外语基础,有计算机等级证书和职业技能证书。

专业技能素质是过硬的本领。没有过硬的专业技能,就很难找到如意的工作,立足社会也难上加难。因此我们的学生必须有扎实的专业知识和熟练的专业技能。扎实的专业知识是建立在一般的科学文化知识基础之上的与其所从事的职业密切相关的知识。我们所熟悉的武侠小说家金庸,他创作的小说被评价为:"文笔铿锵、布局新颖、蕴藉空灵、雄奇浩瀚、卓然成家"。如果没有过硬的专业知识,金庸是不会取得如此成绩的。据说,金庸藏书很多,每天坚持读书六小时以上,号称"活辞海",同事们有问题不查词典而直接去问他。如此深厚的专业知识运用到写作上,他的成名也就顺理成章了。专业技能的形成也应以专业知识的领会为基础,而掌握了专业知识并不等于形成专业技能,技能的形成必须经过反复的练习。要掌握计算机文字录入法,就必须在计算机键盘上反复练习;技艺精湛的汽车修理工能在千里之外通过收集传来的声音诊断汽车的故障、刀工过硬的厨师能在人的后背上切菜,他们这些特殊的技能,不是天生的,而是经过长时间的刻苦练习才获得的。

一个人专业技能素质越强,在职业活动中所发挥的作用就越显著,创造力也就越强。因此,专业技能素质是一个人在职业活动中过硬的本领。

六、职业素质教育的主要原则

(一)整体性原则

建立和健全素质教育工作体系,从学校拓展到企业、社会,通过校企合作、产学一体化,实施全员化、全方位、全过程的素质教育。发挥全体教职工、企业负责人与技术人员的作用,利用各种途径和各个环节,把素质教育渗透到学校的各项工作中去,协调一致,形成合力,全面推进素质教育。

(二)理论联系实际的原则

素质教育要有先进的理论做指导,同时要始终坚持为学院改革、发展与稳定服务,要深入了解学生的思想、学习、生活实际,有的放矢地开展教育,增强素质教育的针对性。

(三)层次性原则

根据素质教育的目标,针对学生不同类型、不同层次和个体差异,采取不同方法和手段,增强素质教育的实效性。

(四)教育与管理相结合的原则

管理是强化教育的必要手段,在各项管理、服务中要贯彻对学生的素质教育,重点搞好校园文明建设,做到"教书育人、管理育人、服务育人"。

七、职业素质教育运行机制

(一)加强领导,健全素质教育的领导管理体制

在党委的统一领导下,建立和完善素质教育管理体制,成立素质教育领导小组,领导小组全面部署和策划学院的素质教育工作,协调部门之间的关系,定期召开工作例

会，了解实施情况，讨论产生的问题，研究对策和方法。各系部党支部书记担任素质教育负责人，组织落实素质教育实施方案。在全面开展大学生素质拓展工作的基础上，将素质拓展工作列入人才培养计划，作为学生毕业的必要条件。

（二）素质教育必须落实在教学过程中

素质教育必须落实在课堂教学中，体现在课程改革和学科教育中，课程改革应在课程的综合性、实践性、现代性和选择性等方面取得实质性的突破。我们在高等教育推进素质教育方面主要的立足点还是推进课程教材改革，使科学教育、人文教育、道德教育以及思想政治教育平衡发展，使高职教育真正能够贯彻党的教育方针。素质教育的主力军是我们的广大教师，思想政治工作队伍是素质教育的骨干，校企联合、产学一体化是素质教育的有效途径。素质教育作为一项系统工程，需要实践—探索—再实践—再探索，在实践中完善，在实践中提高，逐渐形成具有特色的模式。

（三）建立科学的行之有效的评价体系

在评价的内容上，应将指标体系的评价与概括性的评价相结合，应当增加概括性评价的使用，应针对具体的实践采用不同的评价方式，规范化的行为用指标体系，而特色化的行为用概括性体系，评价既要看结果，又要看过程。评价体系的建立同样需要一个实践完善的过程。素质教育以培养学生的创新精神和实践能力为重点，应该将对学生的统一要求与多样性、个性化要求相结合，实现基本要求和多样性要求的统一；应该在我们的课堂教学、社会实践、实习和科学实验及论文的起草过程中，重视对学生创新精神和实践能力的培养。

（四）建设一支高素质的教师队伍

要抓好高职学生职业素质教育工作，建设一支高素质的职业素质教育教师队伍是关键。在教师队伍的建设上，一方面要注重加强职业素质教育教师的引进、培养和培训力度，合理配置好职业素质教育需求的教师资源，并设置一定数量的专门从事职业素质教育的教师；另一方面，要建立有效的激励机制和科学的考核机制，引导教师加强职业素质教育工作的实践和研究，提升职业素质教育的工作水平。

（五）加强管理，提高高职学生的综合素质

学生管理制度不健全，管理力度不足，学生生活散漫，违纪现象时有发生，这是目前高职院校存在的一个较为普遍的现象，也是妨碍教学质量提高的一个重要因素。必须建立健全一套切实可行的学生管理制度，从政治思想、学习、生活、卫生、劳动、纪律、德行等方面进行严格的量化管理考评；制定严格的奖惩制度，对优秀者和单方面表现突出者进行表扬奖励，对一切不文明行为和各种违纪者依据规定进行坚决、严肃的教育、批评；加强校园文化建设，举办各种文体娱乐活动，形成浓厚的、积极向上的学习氛围，丰富学生的学习生活，陶冶学生的情操，并为学生的个性发展提供有利条件；要进一步完善学生管理岗位工作制度，要求学生管理工作者走进学生、了解学生、关心学生、帮助学生，把学生管理工作做实、做细、做深，使学生都能够自觉、主动地学习，自觉、主动地提高自己的综合素质。

第二节　职业素质教育特征

学校首先要考虑的，不仅仅是将为个体提供哪些系统的人类科学文化的遗产，更要考虑的是个体将如何面对生存及其在可持续发展前提下来自社会的各种问题。教育在这种情况下几乎所能做的一切，就是设法为个体解决无法预见的问题做准备，培养他们在飞速发展的社会变革中探索知识和解决问题的能力。

一、注重社会实践

教育的价值似乎就在于更快更多地完成人类科学文化遗产的积累。于是，我们自上而下人为地从文化中编选主题、语言和材料，学生则被动地面对和自己生活相割裂的生疏的学术性文化——社会精英们谙熟的知识与经验。通过教师的语言、技术和观念的传授，学生努力地将这些文化堆积起来。这样，教育就成为一种游离于社会现实的封闭的自我积累与发展过程。学生只需要掌握这些知识并储存起来，并不需要了解知识的发生与发展过程，也不能了解知识对社会的发展和自我适应的价值。这种认知的积累好比在个体与社会之间砌一堵墙，知识砖块叠砌越高，个体与社会的割裂似乎就越严重。学生即便有了丰富的知识，各类知识都随相应的传递通道而存入大脑不同的“储蓄箱”中，而存储的知识又是面对着教师人为编制的与“储蓄箱”中相应知识对应的各种特定的问题情景，因而无法在自我反思、探究、融合与重组中建构新的文化，也就难以面对来自复杂社会各种无法预见的问题。要知道，教育的价值在于使知识社会化、使个体社会化。

注重社会实践，就是要使职业教育成为开放的在对社会探求活动中自我积累的完善过程，让学生在获得必要的科学文化知识的同时，了解知识的发展及其对社会的价值，认识知识探索的方法和途径，提高在社会活动中进行决策和参与改造的基本能力。通常地看，在教育中它常表现出这样几个特征：

1.对学习对象赋予更多更强的社会性与现实性。

即在职业学科教学中实施素质教育，就要通过一切可能，让学生了解更多的社会性问题，渗透知识的价值及其与社会发展的联系，并不失时机地融合其他相关学科的知识，使学生能更全面地了解社会。

2.将认知过程与对社会的探求过程联系起来。

即在职业素质教育中，合理地运用材料的呈现方式，引起学生对社会的关注，提高他们关心社会的意识和参与社会的兴趣。其价值的功能就在于在关注和参与中获得更多的科学的价值、思想、方法与技术。

二、培养科学精神

作为一个现代社会成员所必须具有的科学教养，其核心就是必须具有科学精神，包括科学的意识态度、科学的价值规范、科学的行为方式等。它是个体面对生存和适应社会所必备的素质之一。从这个角度来说，学生在教育中所面临的已不仅仅是一个个需要设法认知的事实，而更重要的是一个个需要设法解决的问题，即不仅是将学习看作是一个知识的认识过程（复制），更是看作一个科学的探索过程（创建）。对教师来说他们关注的将不仅仅是如何将知识通过自己的观念及恰当的方法演绎出来转化为学生的认识结构，更为关注的是如何将知识合理地组织而转化为学生需要探究的关乎他们生活的问题。通常地看，在教育中它常表现出这样几个特征：

1.在学习中渗透更多的科学意识。

即在职业素质教育中，培养学生能自觉地将一个个知识当作一个个科学的问题来对待。因为意识是有目的行为的基础，科学意识就是指个体在行为前能自觉地反映那些科学的态度、价值、规范和技术。

在这儿，教育中抓住这么几个变量似乎尤为重要：

第一，目标，即在学习时能明确与学习对象相关的科学知识并渗透在学习目标之中。

第二，强化，即在学习时能不断利用对学习对象的科学的探求来强化学生的科学意识。

2.将学习更多地看作是问题的解决。

即在职业素质教育中，将知识的认知掌握看作问题的解决。因为科学的方法论是科学精神的核心，个体要能在这急剧变革的社会中获得高质量的生存与发展，最重要的就是要改变这种“储蓄式教育”被动的和单纯的知识储存为利用科学探究的态度与方法去认识、去发现、去创造、去改变。

在这儿，教育中抓住这么几个变量似乎尤为重要：

第一，问题，即将学习对象看作是学生需要解决的问题，而不是需要掌握的事实。

第二，独立，即将学习看作是学生独立探索和解决问题的过程，而不是再现教师思维并复制文化的过程。

第三，调控，即学习中教师调控由关注知识传递的速度及学生再现的可靠性程度向更多地关注学生探索的态度与方法及其过程转化。

3.注重科学技术在职业学习中的渗透。

即在职业素质教育中，不断地渗透科学技术及其价值与思想。因为教育要始终跟上日益发展与变革的科学技术是不可能的，而个体不掌握全新的科学技术就不能适应发展。因此，教育必须承担培养个体在充分认识科学技术的价值、思想、规范等基础上独立掌握并创造技术能力的使命。这一点在当前学科教育内容的昔时性和分科性的前提下显得更为重要。

在这里，教育中抓住这么几个变量似乎尤为重要：

第一，了解，即让学生了解科学技术常常是跨学科的、综合的和指向未来的。

第二，认识，即通过对职业知识的发展来认识科学与技术的价值。

第三，想象，即积极倡导对未来科学技术的预测和想象。

三、发展创造潜能

社会离开了创造，单凭已有文化的传递与复制根本谈不上发展，而社会的创造最终就是人的创造。要开发个体内在的创造潜能，就必须抓住个体创造性的个性特征与色彩，因为不同的个体其创造的领域和程度都具有明显的个体性。创造对每个正常的人来说都是可能的。这也是我们职业素质教育的重要目标策略之一。通常地看，在教育中它常表现出这样几个特征：

1.在学习中让学生有充分的心理安全感。

即在职业素质教育中，能尽量给学生营造一种宽容与理解的气氛，让学生充分感受到在探究未知过程中师生关系的平等性，自己所有学习行为都能得到教师的理解与尊重，自己所有的成就感都能获得自我满足。从而使学生各自的潜能最大限度地释放出来。

在这里，教育中抓住这么几个变量似乎尤为重要：

第一，尊重，即尊重学生在学习中的一切想法和做法，学生矛盾的对立面只能是知识的未知而不是教师的已知，反对挑剔和讽刺。

第二，理解，即对学生在学习中一切想法和做法教师都要尽一切可能去理解，故倡导鼓励式评价，避免消极式评价，杜绝谴责式评价。

2.学习中倡导心理表达的自由和开放。

个体能量的充分释放就是心理表达的充分自由，在学习中，应能给学生充分表达自己思想、表露自己情感、表达自己观点、表现自己欲望等自由。因而在职业素质教育中必须倡导“三不注重”，即：不注重学生思维程序和教师思维程序的完整一致性，允许学生思维暂时性地跳开或中断；不注重个别回答对全体认识的代表性，不以个体的回答代替全体的理解；不注重个体行为相对课堂纪律的严肃性，容忍个别学生因一时的“顿悟”与“发现”而出现的短暂的“忘乎所以”。

在这里，教育中抓住这么几个变量似乎尤为重要：

第一，宽容，即宽容学生解决问题过程中的一切想法和做法。

第二，充足，即将问题展现给学生时，给学生充足的思考、讨论和回答的时间。

第三，自由，即鼓励自由奔放和新颖的想象，允许暂时性的思考目标的转移。

3.注重不同学习模式的目标价值。

即在职业素质教育中，采用不同的学习模式，其目标价值不在于展现不同的学习过程，而是作为一种手段，在于展现不同的启智学生独创性地探索知识的过程。因为职业学习的最根本价值不仅仅在于掌握，更在于发现与创造。所以应从不同的学习模式表现不同的学习形式，向不同的学习模式表现不同的探究过程的目标转化。

在这里，教育中抓住这么几个变量似乎尤为重要：

第一，探究，即任何材料的展现、演示、实验，都不仅仅是为了验证事实，而是在于提供探究的途径与方法。

第二，过程，即学习不仅仅是指向结果而获得结论，更重要的是指向过程而获得方法。

四、加强情感体验

良好的情感品质是个体素质的一个重要因素，而个体的情感素质则是个体在社会中获得成功的基本要素。个体在学习中能否获得积极良好的情感体验，不仅仅是能否全身心地投入学习中去而最大可能地实现学习目标的问题，更是关系到个体能否受到良好的情感教育从而影响个体人格健康发展的问题，尤其是职业学习面对的是枯燥的、抽象的不带有任何物质和能量特征的符号，学习很容易成为一种“外加指令”的、“完成任务”的和“强记死背”的被动性信号输入活动。因此，我们不仅要将职业教育看作是科学知识的教育，同时也应看作是人格发展的教育，这就是与非素质教育下的职业教育的本质区别之一。通常地看，在教育中它常表现出这样几个特征：

1.注重学生在探究学习活动中积极良好的情感体验。

即在职业素质教育中，特别关注学生被激发起的求知冲动以及平衡这种冲动的欲望满足的成功体验。于是，我们职业学习就不能简单地被封闭在“知”与“不知”的动态平衡上，而应开放到整个个体充分活动的“问题”与“解决”的空间上，使他们在一次次的问题解决过程中获得一次次的良好的情感体验。而刺激则来自个体探究对好奇心的满足，操作对动手欲的满足，发现对求知欲的满足，解决对表现欲的满足；也包括合作对个体融合与欢快情绪的刺激，成功对个体喜悦与轻松心境的刺激，如此等等，从而表现出对学习热情的关注、强烈的兴趣、积极的态度、持久的探索等良好的情感素质。

在这里，抓住这么几个变量似乎尤为重要：

第一，体验，即尽可能地将每一次的学习设计成学生能获得积极良好情感体验的活动过程。

第二，个性，即尽可能地设计不同的活动而使不同个体的价值都能在获得问题解决的过程中得到体现。

第三，满足，即在学习中尊重学生在获得问题解决过程中的一切可能的满足。

例如：学习中可以经常采用“合作型”的组织结构与“聚合型”的学习模式。前者指根据不同的学习内容可以是聚块状的，抑或是平面辐射状的等，目的是加强学习中的合作与互动。而后者指根据不同的学习内容可以是信息传递与交流模式的，抑或是独立探究与操作模式的等，目的是使个体能在真正自我特征基础上进行探究而获得属于自己的成功与满足。

2.关注学生学习中的兴趣及情绪状态。

即在职业素质教育中，教师尤为关注的是怎样使学习成为学生在情绪状态下兴趣的刺激源，并能有意识地不断强化这些刺激，使之成为有行为倾向的兴趣。而其中最重要的就是在学习中尽可能地满足学生在群体中受到赞扬与尊重的欲望，从而避免其因在群体中受到多次的失败与谴责而产生焦虑情绪，甚至采用某种防御机制回避真实情感，引起人格混乱。

在这里，教育中抓住这么几个变量似乎尤为重要：

第一，特征，即在学习中尽可能地针对不同的个体特征设计不同层次的问题，并采用个性特征为参照的，有发展性和描述性的评价方式，使所有个体都能感受到成功。

第二，展现，即尽可能地将学生不同的学习过程与方法充分地展现给群体，满足个体期望的在群体中获得尊重的欲望。

第三章　职业能力

第一节　职业能力概述

一、职业能力的基本含义

职业能力是职业素质教育的核心。社会发展和时代要求呼唤学生职业素质的提高，职业素质的具体体现应该是适应社会经济发展与自我发展需要的职业能力。从高职高专教育的目的出发，职业能力的培养应当成为高职高专职业素质教育的核心。建立以职业能力培养为中心的教学体系，是职业素质教育的基本特点。

职业能力是人们从事某一职业所必须具备的本领，是人们成功地从事某一特定职业活动所必备的一系列稳定的、综合性的个性心理特征。不同的社会职业有不同的职业能力要求。职业能力既不同于心理学中的“人类生来就有的潜能（Capacity）”，也不同于哲学和社会学中的“一般能力（Ability）”，也不直接等同于普通教育学中的认知能力（Perceptibility）或智力（Intelligence）。职业教育中以及社会学中的能力多具有现实性，是处在现实状态的能力。这样，由知识到智力再到技能最后到实践的职业能力，实际上呈现为一种由认识能力到改造能力、由“潜能”到“现能”、由低层次到高层次的发展过程。职业能力是由多种能力要素构成的。关于职业能力的构成要素，国内外学者有不同的说法：有人认为职业能力包括基本职业能力和综合职业能力两大成分；也有人认为职业能力由三大部分组成，即专业能力、方法能力和社会能力。

职业能力的形成与发展是一种过程，因此，可以从职业生涯的全过程来认识职业能力的动态构成规律。一般来说，学生毕业离开学校首次进入社会就业，便开始了其职业生涯。学生毕业进入社会，需要一种首次就业的职业能力；在已有的工作岗位上，需要的是胜任现有工作的职业能力，并且在工作过程中能够具有提高工作水准的职业能力；为适应主观愿望和客观变化要求，则需要能够实现转换新工作的职业能力。由此循环往复与递进，形成一个人职业生涯的全过程。

通过对职业能力的构成要素和构成原理的认识，可以指导落实相关国家职业能力标准、管理规章制度的制定与推动，可以引领指导各类职业教育机构的职业教育规划、设置与运作，尤其是促成职业能力教育方向、方法的科学实施性，确保职业能力教育体系的必要性和正确性。

在长期的实践中，各国职业教育理论和实践工作者提出了各种职业能力观，这些能力观在不同的时期和场合对职业教育的改革和发展起到重要的指导意义。

第一种职业能力观来自教育经济学领域的人力资本观。

这种观点认为，职业能力是一种个人的特性。在生产过程中，个体的职业能力以人力资本的形式存在。劳动者将人力资本应用于生产过程中并借此增加国民收入和个人收入。人力资本观主张正规教育和培训是形成人力资本的主要途径。教育制度所规定的正式的职业能力和实际的职业能力是不同的。

正式的职业能力是指依据个人所接受的正规学校教育的年限这方面的标准，加以度量和认定的能力，它通常见之于文凭的高低。实际的职业能力是指个体成功地解决现实问题或完成一定的任务的能力。对人力资本观所主张的职业能力观，人们提出了3个批评意见。

首先，使用正式的职业能力作为实际职业能力的度量尺度，一定程度上忽视了不同学校的教育质量差异以及这些教育质量差异对个体的实际职业能力形成所产生的影响。人们的实际职业能力不仅取决于学校教育的结果，而且取决于在工作领域的学习结果及在非正式的教育活动和日常生活里的学习结果。其次，人力资本观所主张的职业能力观过于强调知识因素和认知能力，而不适当地排斥非认知方面的能力。现实中非智力因素也很重要。再次，筛选理论认为教育的功能主要不是发展认知能力，而是依据正式职业能力（如证书）对人进行筛选。换言之，教育的主要功能是筛选功能。

第二种职业能力观来自人们对职业实践的经验总结和相关分析。

这种观点认为，职业能力是工作方面的要求。个体的职业能力只能依据诸如实际工作所要求的资格等方面的规定或实际工作要求，来加以界定和分析。对工作需具备的资格开展研究的许多社会学工作者往往持这种观点。诚然，为了提高工作效率，关注工作的内在和外在要求是十分重要的。对形式上要求的职业能力（如录用标准）和实际工作中所要求的职业能力（真实水平）做区分也是必要的。

从理想的角度看，对工作的形式上或资格上要求的职业能力与实际工作中所要求的职业能力两者之间相匹配是最好的。但这种匹配往往受不同因素的干扰。

首先，对工作的形式上或资格上要求的职业能力，不仅受内部和外部劳动力市场里合格人才的供求影响，而且受试图提高或降低工作地位的一些力量（如专业团体和利益集团）的影响。其次，由于在进行工作要求分析方面存在技术上的困难和需要付出相关成本，人们对工作形式上或资格上要求的职业能力可能无从准确知晓，从而在实际工作中，正式规定的资格方面职业能力的要求会高于或低于工作实际所要求的职业能力。

因此，描述和分析工作形式上的职业能力要求和实际工作中职业能力要求之间存在的矛盾是重要的。但是这种分析不那么容易，因为这两种能力是由社会建构而成的，而且多种因素在多个层次上相互作用，目前人们对这种相互作用的机理知之甚少。

第三种职业能力观主张，职业能力是在完成工作任务的过程中人们实际应用知识的能力。

这种观点认为，职业能力既不完全是个体劳动者的一种主要特性，也不完全是工作本身的一种主要特性。这种职业能力观关注个体与工作之间的相互作用，它一方面注意到劳动者将自己的知识应用于工作中，另一方面关注工作具有的特性。个体的实际应用知识的职业能力被视为一个协调个体潜能和工作要求之间关系的动态因素。这意味着职业能力是与个体和工作都有关的因素，两类因素都会直接或间接地促进或妨碍个体使用实际应用知识的职业能力。就与个体有关的因素而言，个体过去的经验、个体的自信心等因素是重要的；就与工作有关的因素而言，劳动者的自主性、工作领域的正式和非正式的组织、任务的特性、工作的信息反馈等因素是重要的。

第四种职业能力观认为，职业能力是个体的一种适应能力。

大多数持这种观点的人都倾向于采纳功能主义的能力观对职业能力加以界定。

这种观点认为，职业能力可以依据个体成功地适应新环境，并完成某些给定的任务（这些任务是个体既不被允许也不被期望加以改变和促进的任务）而加以界定。有人对这种观点提出了一些批评意见，认为它很大程度上不能充分认识到，在完成一项工作的过程中，有可能经常发生个体对工作任务积极主动地加以修改和重新予以界定的情况。在许多复杂的生产系统里，劳动者处于再设计和改进系统的连续过程中，墨守成规的做法不利于提高工作效率。因此，对适应能力应当加以宽泛的理解。

第五种职业能力观主张，职业能力是个体具备的一种以变革为取向的实际工作能力。

这种观点认为，人人都有自我管理的能力，他们被允许和期望发挥自我管理的能力。因此，职业能力可界定为个体对工作环境予以反思、采取行动并且按照自己的愿望对工作按自己的理解予以建构的一种能力。那么什么是促使人们在工作领域里解决、规划、评价问题等方面的能力得以提高的特定能力呢？人们可以将以变革为取向的实际工作能力理解为一个连续系统。

二、职业能力的五要素

对于职业能力的含义，人们是仁者见仁，智者见智。但这并不意味着职业能力没有确定的含义。人们可以从多个维度分析职业能力的内涵和外延，并对这些维度加以整合。笔者认为，职业能力具有以下 5 个要素：

1.从职业能力的形成途径看，职业能力以正规教育和培训为现实基础。在当代社会，脱离学校教育的纯粹的自学成才方式越来越不现实。为了学习职业和专业的知识和技能，人们自觉地接受普通教育和一部分专业和职业教育。普通教育为学习做人和做事打好基础，专业和职业教育为提高实际工作能力打好基础。高等教育和中等专业教育，大体上适应要求较长时间的专业知识和技能的职前训练，各种技术（技工）学校适应某些技术工种系统的职前培训要求。

2.从职业能力的作用对象看，职业能力是以接受工作岗位、胜任工作岗位、取得工作业绩为指向的。职业能力并非只考虑个人因素，它是具体工作岗位的要求，是工作规范与个人因素的有机结合。成千上万种岗位（工种）对人的职业能力的要求是不同的，使得人们需要接受程度不同的职业训练。岗位（工种）的要求越明确和细化，录用标准越公开和透明，工作岗位的运作方式越规范，则人的职业能力的发展方式越合理，使用效率越高。

3.职业能力不是一种单纯的学习能力，而是一种应用知识的能力，是一种动手实践能力。学以致用原则是职业能力形成和发展的根本准则。因此，职业能力的培训，越有具体针对性，越有效。用什么，则学什么，立竿见影。

4.职业能力是人们的一种适应能力。适应能力主要表现为个体的生存能力和发展潜力。个体在求职过程中，先求能做这个工作，再求努力做好这个工作。对接受一定学校教育的人来说，既有必要缩短与新的工作岗位的磨合期，加快理论性知识向实用能力转化的速度，又要通过终身学习和获取可持续发展能力增强发展的潜力和后劲，以拓展发展空间。

5.职业能力是人们的一种变革能力和反思能力。在职业活动中，人们既要善于继承，又要力图有所革新，努力开创未来。反思能力也是个体在职业生涯中取得成功的基本素质之一。人人都应当致力于成为反思型的工作人员，在反思中学习，在反思中成长。

总之，对职业能力单向度的认识不足以把握职业能力的丰富含义。

第二节 通用职业能力

一、通用职业能力概述

(一)能力、职业能力、通用职业能力

1.能力的含义。

“能力”在《现代汉语词典》(第 5 版)中的解释是“能胜任某种工作的主观条件”。从心理学的角度讲,“能力”是直接影响活动效率,使活动顺利完成的个性心理特征。对于这一概念的理解,需要从两个方面加以说明:首先,能力是和活动紧密联系的,离开了具体活动,能力就无法形成和表现。一个有绘画能力的人,只有在绘画活动中才能施展自己的才能;一个教师的组织能力,只有在教学活动中才能显示出来。我们只有通过活动才能了解一个人能力的大小。高职教育以能力为本位,也就必然要以活动为载体,在活动中培养动手能力、分析解决实际问题的能力。其次,能力是顺利完成某项活动直接有效的心理特征,而不是完成某项活动的全部心理特征,因为成功完成某项活动受许多主客观因素的影响,如知识经验、性格特征、兴趣爱好等。因此,高职教育又不能简单地从培养几项具体能力出发,而要重视“人的全面发展”。这就引出了另一问题,即关于“职业能力”的问题。

2.职业能力的含义。

什么是职业能力?职业能力是在职业活动中发展起来的,直接影响职业活动效率,使职业活动得以顺利完成的心理特征。职业能力一方面要在职业活动中形成和发展,并在职业活动中表现出来;另一方面,从事某种职业又必须以一定的能力为前提。简单地说,职业能力就是从事某种职业必须具备的专门的能力,其强调专业的应用性和针对性。所谓隔行如隔山,就是说职业不同,所具备的职业素质能力不同,从事脑力劳动与从事体力劳动不同,工农商学兵,各有所长。

3.通用职业能力的含义。

对于通用职业能力,国际职业教育界基本达成共识,是指一项可转换的能力,不是针对某一具体的职业,而是从事任何职业的任何职业人要取得成功都必须具有的能力,是一种超越具体职业的、可广泛迁移的、对人的终身发展起着重要作用的能力。例如,不论从事什么职业都离不开与人的沟通和合作,不具备与人沟通、合作能力的人,什么职业都难以胜任。它强调的是当职业岗位发生变更时,劳动者所具有的这一能力依然起作用;它能够帮助劳动者从容应对经济发展、产业结构变化可能带来的职业转换,能够在新的变化环境中迅速地重新掌握新的职业技能和知识。因此,通用职业能力和职业能力是完全不同的两个概念。

通用职业能力在澳大利亚被称为“Key competencies”(关键技能),英国称之为“Common skills”(通用技能)或“Core skills”(核心技能),美国称之为“Foundational skills”(基本技能)。

加强对高职学生通用职业能力的培养,已成为当今世界各国职业教育改革的重要方向。

(二)通用职业能力的基本特征

1.职业性。通用能力是指从事职业活动需要的通用能力,侧重于其在职业活动中的具体应用。其培养应以社会需求和人才市场需要为导向,以专业技能学习为主线。

2.超越性。不是某一种职业专门要求的能力，而是超越所有具体职业的基本能力。

3.层次性。通用职业能力不是单一的几种能力，而是多方面、多层次、多领域的复合体，体现层次结构。这也体现了现代职业发展的方向。

4.个体性。对于不同的个体，既有能力指向目标的多样化差异，又有能力水平高低的随机性差异。学生基本职业能力的目标指向、水平层次是与个人的性格、兴趣、爱好和需要等密切相关的，这是倡导对学生进行个性化教育与因材施教的基础。

5.可迁徙性。可迁徙性有两重含义，一方面随着社会的发展和科技的进步，通用职业能力的内容处于不断的发展和变化之中，由于生产力的提高，人类不断开辟新的生产领域，新的职业能力也就随之产生，旧的职业能力则得到进一步充实与完善；另一方面个人的职业岗位不可能终身不变，岗位发生变化，对个体的能力要求也随之变化，而且能力水平要求也不断提高。通用职业能力是可随之变动和迁徙的。

（三）通用职业能力的构成

1.国外通用职业能力的构成研究。

（1）德国的“三大关键能力”。20世纪70年代，德国劳动和社会学家梅尔腾斯从未来社会劳动力需求的角度出发，强调培养人可持续发展的能力，提出了“关键能力”（Key competencies）的概念，并强调这一能力是个体进入日益复杂和不可预测的世界的工具，是促进社会变革的一种策略。关键能力可分为三个方面：一是专业关键能力，指从事各种专业都必须具有的基础能力；二是方法关键能力，指具备从事职业活动所需要的工作方法和学习方法；三是社会关键能力，指个体从事职业活动所需要的行动能力。

（2）英国的“六项核心技能”。英国自20世纪80年代起开始研究和开发核心技能并逐步进入实施阶段，至今已经得到政府、企业、各类职业培训机构的广泛重视和认同，并以各种形式融入各级各类培训或教育中。英国已经制定了核心技能的国家标准体系，由六项核心技能组成，每项技能分成五个等级，每个等级具有若干要素。这些核心技能是：交流、数字运用、信息技术、与人合作、提高自我学习和增进绩效以及解决问题的能力。

（3）澳大利亚的“八项关键能力”。关键能力并不是专为就业技能而设计的能力，而是新世纪的公民在学习、工作、生活上都不可或缺的全方位基本能力。

（4）美国的“三项基本素质和五项基础能力”。美国劳工部发布的《关于美国2000年的报告》归纳综合了美国各行业对未来人才素质的要求并提出，为适应明天的发展劳动者应具备三项基本素质和五项基础能力。其中三项基本素质是：听、说、读、写、算的基本素质、思维素质和道德素质；五项基本能力是：合理利用与支配各类资源的能力、处理人际关系的能力、获取信息并利用信息的能力、系统分析能力、运用多种技术的能力。目前，这些通用能力分类在美国学术界已得到广泛认可。

2.国内通用职业能力的构成研究。

近年来，通用能力培养问题越来越引起我国职业教育界的关注，认为通用职业能力作为重要培养目标不可或缺。不少学者致力于研究中国高职教育培养目标的职业能力结构，提出通用能力（或核心能力）的概念及其内涵，并提出以下几种分析模型。

（1）三个同心圆模型。该模型认为，我国现阶段高等职业教育能力的培养目标应采取三个层次能力结构：一是职业岗位能力；二是专业基本能力；三是适用于所有职业的通用能力。其中，通用能力处于核心的地位，中间一层是专业基本能力，最外层是职业岗位能力。我国现阶段高职教育的能力培养目标定位首先应强调职业和职业岗位的针对性,尽量缩短学校与职场的距离,使毕业的学生能在最短的时间内适应特定职业岗位的要求,但同时要关注适用于所有职业的一般职业能力的培养,提高学生对经济社会发展的适应能力。

(2)冰山层次模型。这一模型也将职业能力分为三个层次,水面上露出的这一层是职业特定能力,在水面下直接支持这个特定能力的层次是行业通用能力。职业特定能力和行业通用能力比较容易观察到,然而更深层次的能力即核心能力则不太容易观察到。核心能力是隐形的,但是最宽厚的,承载着整个能力体系,是所有能力结构的基础。水下基础层次越宽厚,水面上显露的层次就越强大。对高职教育来说,核心能力培养非常重要。

(3)模块集合模型。在该模型中,每个职业包含三种类型能力模块,首先是特定能力模块,其次是可以和其他职业通用的基本能力模块,再次是与所有职业基本要求相一致的核心能力模块。核心能力模块是所有职业共有的。

以上各种表述有一个共同点就是承认职业能力的多层次性,承认通用能力(或核心能力)培养对于高等职业教育的必要性和重要性。同时不少学者还进一步研究了体现我国国情特点的通用能力内涵,如我国劳动保障部“国家技能振兴战略”课题组也提出了八项核心能力:交流表达、数字运算、革新创新、自我提高、与人合作、解决问题、信息处理、外语应用。

综合国内外研究成果,本书编写组列出了高职教育通用能力培养目标的15项指标,以此为内容设计了一份问卷调查表,在重庆部分高等职业学院和企业对学生、教师和企业人力资源部主管三部分人员做了一次问卷调查。

调查结果显示,学生、教师和企业人士高度认同通用职业能力的重要性。在排名前10的指标中课题组选择了“企业很看重、教师认同度较高、学生较欠缺”的6项指标,即:学习发展能力、沟通交流能力、社会适应能力、解决问题的能力、团队协作能力、创新能力,构建了当前高职学生通用职业能力结构,本书认为高职学生必须掌握这6大通用能力。

表 3-1

序号	能力指标	“很重要”选项百分比		
		企业评价	学生评价	教师评价
1	学习发展能力	72.2	73.1	89.5
2	沟通交流能力	78.6	82.1	78.4
3	社会适应能力	65.9	74.5	69.8
4	解决问题的能力	69.5	74.8	75.5
5	团队协作能力	72.6	79.6	78.3
6	创新能力	64.8	74	72.5

二、高职学生应掌握的六大通用职业能力

(一)学习发展能力

学习发展能力就是怎样学习的能力,是在环境和教育的影响下形成的、概括化了的经验。它直接决定了人在进行学习活动时的成效,决定了学习活动的成功概率。学习能力的强弱决定了你能否把更多未知的知识变为已知,能否更好地把自己的头脑充实起来。

人们普遍认同学习发展能力的价值。形成学习发展能力不仅是在学校教育阶段顺利完成学业的必要条件和基本目标,而且也是职业教育和培训的基本目的,同时还是人们在工作场所进一步接受教育和获得终身发展的重要条件。工作领域变革步伐的加快客观上要求人们具有学习发展能力。为了使劳动者适应组织结构变革、技术创新和工作过程持续变化的要求,劳动者必须具备学习发展能力。

以往的职业教育和企业培训过于关注易于教授和易于进行评价的指向工作任务完成方面的职业能力,而对学习发展能力关注不够,这种倾向必须及时有效地加以改变。学会学习意味着学习者养成系统观察、分析和质疑的能力和习惯。为了具备利用正规教育以外的学习机会的能力,学习者具备学习发展能力显得尤其重要。

学习发展能力的含义主要包括两个方面。首先,学会学习意味着促进学生批判性的学习能力的发展。学生批判性的学习能力主要体现在学生拥有反思能力。在一个社会组织里,有必要形成和维持一种促进学习和发展的组织文化,而个体反思能力的发展是有助于达成此目标的基本要素。一个具有广泛范围的职业核心能力的个体需具有对实践和学习进行反思的能力。为了促进反思能力的发展,人们应将学习的重点从掌握一个固定范围的知识和一组不变的能力方面,转移到通过对学习和实践的反思建构、形成自己的知识和能力体系方面。通常,在学校里,许久以来,人们已经普遍认可教师需鼓励学生对自己的学习进行反思,以便学生对知识的掌握超出"表层知识"的范围。相比较而言,在工作领域,人们对实践进行反思的能力的发展需得到更多的强调和支持。反思能力的发展不仅对行动有所启迪,而且有利于促进后续的学习。反思能力的发展也有助于人们及时地更新知识。个体有必要通过对学习的反思和对实践的反思形成和扩充自己的知识库。其次,学会学习意味着学习者独立学习能力的发展。为了获得更广泛的职业核心能力,有必要增强学习者的独立学习能力。为了使学习者成为独立的学习者,教育者应促进学习者的思维能力和学习能力的发展。学习者也应学会更好地监控自己的学习。英国的"为成为学习的所有者而培训"计划,既强调使培训生拥有最大的发现新东西的学习机会,又强调发展学习者的学习独立性和自主性,有很大的借鉴意义。

(二)沟通交流能力

人们普遍认同沟通交流能力是当今社会劳动者最重要的能力之一。人们需具备运用现代语言和信息技术进行交流的能力。沟通交流能力的含义非常宽泛,可以从四个方面加以界定,即交流的顾客或对象(与谁交流)、交流的目的(为什么交流)、交流的方式(交流者介绍自我的方式等)、交流的手段(交流得以实现的手段)。交流的能力包括:提供书面陈述的能力(如写信、写报告、写文章),提供口头陈述的能力(如打电话、

在公众场合发表意见)，提供信息的能力，提供建议的能力，建立公共关系的能力，谈判能力，与顾客、学生等不同层次的人建立联系和持续地保持联系的能力。

(三)社会适应能力

社会适应能力是高素质技能型人才能力结构系统中的一种重要能力，反映着个体在人生旅途上与社会环境相互作用过程中，面对各种变化、压力与挫折改变自身与环境，从而使自身与社会环境之间保持协调的个性心理特征。社会适应能力是与其他人进行交往、一起工作的能力和显示团体取向的行为及移情行为的能力。这种能力包括规划、组织和协调活动的能力，为开展活动收集相关信息的能力，与同事合作的能力，移情能力，适应能力，灵活处理事务的能力，处理紧张关系和不确定性的能力，自我约束的能力，对结果进行评价的能力，形成和使用反馈信息的能力。

(四)团队协作能力

每个人做事情，都离不开与人合作，而团队合作是合作的最高形式。时代需要英雄，更需要伟大的团队。每一个成功人物都依托着一个成功的团队。发扬团队精神，会使我们的合作更有成就。

所谓团队，是指一个组织在特定的可操作范围内，为实现特定目标而建立的相互合作、一致努力的由若干成员组成的共同体。作为一个共同体，其成员努力的结果，使该组织的目标能够较好达到，且可能使绩效水平远大于个体成员绩效的总和。

1.人生“三成”。

“不成”:依赖别人、受别人控制和影响的人终将一事无成。

“小成”:孤军奋战、不善合作的人，只能取得有限的成功。

“大成”:善于合作、懂得分享的、利人利己的人能成就轰轰烈烈的大事业。

2.没有完美的个人，只有完美的团队。

优秀的团队并非全是由优秀的个人组成，但优秀的团队一定能塑造出优秀的个人。单靠个人无法完成任务，一个没有组织性的团队也不能圆满完成任务，默契配合、相互支持的团队才能成功。没有完美的个人，但通过团队协作，完全能够成就完美的事业。

3.团队发展的四个阶段。

组合期:对团队规则不熟悉；彼此陌生，互相猜忌；对团队目标和个人目标不了解；花了力气，效果不好；合适的人选、确定目标；运用社交活动、小组讨论。

摸索期:成员冲突、彼此敌对；信息不通、出现混乱；调整工作内容及角色；开放沟通渠道、共享信息；领导建立威信、沟通会议；确定问题解决办法。

共识期:执行或者修正既定计划；及时修正建立工作模式；建立团队忠诚。

发挥期:对队员适当鼓励；保持团队的效率；加强队员沟通；接受挑战性的任务。

4.高效团队的特征。

清晰的共同目标；恰当的领导；相关的技能；有效的组织机构；相互信任的精神；一致的承诺；分享成果；开放的沟通；外部的有效支持。

(五)解决问题的能力

解决问题的能力是指通过分析、归纳与概括、判断与推理，揭示事物的本质特征并从中找到解决事物主要矛盾或矛盾的主要方面的能力。在日常工作中，经常涉及对问题的宏观理解把握和事物间矛盾关系的理解，同时又要在规定时间和条件下拿出问题的解决方案。

问题解决能力的发展与下列三个因素有关：一是问题类型。它取决于问题解决的过程，如应用于特定的问题情景的决策、系统分析和设计、寻找疑难之处。这些问题情景通常有别于课堂的或学校课程里的情景，它们包括个人生活、工作和休闲、社区和社会里的情景。二是问题解决过程。它包括理解问题的性质、表明问题的特征、表征问题、解决问题、反思问题和交流答案。三是问题的情景。在学生的真实生活里，不同的问题类型得到应用。

（六）创新能力

"创新"一词，原初指一个经济学概念，"现代创新之父"美籍奥地利经济学家约瑟夫·熊彼特在其1912年《经济发展理论》一书中首次使用了"创新"（Innovation）一词，他将其定义为"生产要素和生产条件的一种从未有过的新的组合"。《现代汉语词典》解释为"抛开旧的，创造新的"。《辞海》上解释为"首创前所未有的事物"。我国学者从不同的角度给创新下的定义也很多。如余伟编著的《创新能力培养与应用》对创新的定义为："创新是人类在社会实践中扬弃旧事物、旧思想、旧方法，把新设想、新技术、新成果成功付诸实施并获得更高效益的运作过程"。李才俊所著的《大学生创新能力培养新探》把创新定义为："创新是指主体（人）为了一定的目的，遵循事物发展的规律，对事物的整体或其中的某些部分进行变革，从而使其得以更新与发展的活动。"

创新的基本性质就在于它具有社会性、能动性、普遍性、特殊性和继承性，它的社会性表现为推动了社会的发展和进步；它的能动性表现为对客观世界有了强大的推动力；它的普遍性表现为在一切创造活动领域都发挥作用；它的特殊性表现为积极进取的态度和标新立异的精神；它的继承性表现为是人类在认识客观世界的实践中，不断继承、批判发展、进步的一个扬弃的过程。

创新能力就是指人们在前人发现或发明创造的基础上，通过自身（或群体）的努力，创造性地提出新的发现、发明创造和新的改进方案的能力。也就是人们在学习工作的实践中利用已有的知识和经验，产生有价值的新设想、新方法和新成果的本领，是独特而新颖地解决问题的能力。创新能力也可以描述为一个人所具有的提出问题、分析问题和解决问题的能力的总和。

创新能力具有以下特征：

1.创新能力的构成内容是非常丰富的，具有多序列、多层次、多类型的特性。有思维创新能力与形象创新能力，有抽象创新能力与具体创新能力，有技术创新能力与理论创新能力等。

2.创新能力具有综合性，表现为：创新能力的核心是创新思维，而创新思维本身就是一种综合性的能力，这个能力系统中具有众多的子系统，如：探索问题的敏锐力、统筹思维活动的能力、形象思维的能力、联想的能力、横向灵活思维的能力、预测的能力、实现目标的能力等。

3.创新能力具有高度的结合性。创新能力与其相关理论、知识及其他能力高度结合，在人才综合素质评价的八种核心能力测评的标准中居于核心地位，与其他能力都具有紧密的结合性。同时，创新能力在生产力中具有内核的功能，人在生产过程中居于主体地位，为了提高生产力，就必须提高从业者的素质，尤其是创新的能力和素质。

三、通用职业能力是高职学生职业发展的基础

随着科学技术的高速发展和社会的不断进步，在现代社会的职业生活中，从职人员的专业知识和能力与产品一样，也有一个生命周期。据有关资料显示，知识的更新周期大约为3～5年。也就是说如果一个人不具有接受再教育的可持续发展能力，他目前所拥有的许多有价值的知识和技能很快就会被淘汰。因此，获取知识的能力比获取知识的数量更为重要，学习能力的提高比吸收知识的数量更为重要，通用能力的发展比专业技能的掌握更为重要。高职学生只有具备了通用职业能力，才能够适应变化的环境，把握新的机遇，为职业的发展奠定良好的基础。

从就业的角度看，科学技术和社会生产力的飞速发展，使产业结构的变动更为频繁，市场竞争更为激烈，人们面临的失业和转岗压力更大。高职学生也不可避免地会面临失业—转岗—从业的循环过程。因此，高职学生应正确认识"一技在手，终身受用"的传统观念，在能力的培养中，除了考虑具体行业和职业岗位的需要外，必须考虑日后会遇到的职业变更、技术更新及个人发展的需要，既要重视"专业技能"，又要重视"通用能力"的培养，以适应未来社会生活中职业的改变和知识更新的需要，为今后的发展和接受继续教育奠定一个较为坚实的基础。

通用职业能力的培养势必有利于推动专业技能培养。强化高职学生通用职业能力的培养绝不是要削弱专业技能的培养，而是主张将通用职业能力培养与专业技能培养有机结合起来，将通用职业能力培养渗透到专业技能培养的过程之中，相辅相长，实现专业技能学习与通用能力培养的统一。

四、高职学生通用职业能力的培养

高职学生是一个特殊的人才群体，是将科技优势转化为产业优势，促进社会积极快速发展，实现民族振兴的重要群体，是提升经济核心竞争力的关键力量。加强高职学生的通用职业能力培养，需要在全社会达成共识，需要高职院校义不容辞地担当起责任，更需要高职学生自身有迫切意识，积极投身实践，在实践中培养通用职业能力。

1.积极参与通用职业能力培养课程教学改革实践。高职院校在拓宽专业面构建课程体系时，已在充分考虑知识经济和经济全球化对人才的素质要求。一方面要扩大学生的专业知识面，使学生具有相关领域的知识和技术；另一方面要增加通用职业能力培养的相关课程数量和课时数。高职学生应抓住机会，积极投身课程学习实践，提升个性发展空间。

2.主动参与校企合作、产学结合改革实践。高职院校校企合作、产学结合办学正在不断加强，旨在让更多的企业人士参与办学，让专业教学更贴近企业实际，让培养的学生成为企业满意的合格人才。高职学生应充分发挥主观能动性，把握到企业学习实践的各个环节，提高职业岗位适应性，实现从学校到企业的"无缝对接"和"学生—职业人—社会人"的转化。

3.踊跃参加各级各类社会实践活动。社会实践是高职院校实践教学的重要组成，也是通用职业能力培养的有效途径。高职学生应踊跃参加志愿者活动、课题调研等形式多样的社会实践活动，通过"历"与"练"，提升面向社会发展、面向经济建设、面向行业需要的能力，使自己在未来的职业活动中更具有竞争力。

第四章 职业素养

第一节 职业精神

社会发展的进程表明，人类的职业生活是一个历史范畴。一般来说，所谓职业，就是人们由于社会分工和生产内部的劳动分工，而长期从事的具有专门业务和特定职责，并以此作为主要生活来源的社会活动。人们在一定的职业生活中能动地表现自己，就形成了一定的职业精神。

职业精神分为硬、软两个方面。硬的方面，是指在任何一个工作职位所必须履行的职业功能；软的方面包含了建立在前者基础之上的职业道德、职业操守和奉献精神。

在不同的领域，职业精神的表现形式或许会不一样。比如营销员的职业精神，就是指营销员能以营销为业，在工作中不思其他，能够对公司分配的任务做到义无反顾，不断训练自己推销的技巧，不断吸收新知，不管工作如何细小，只要对公司的销售有利，他都会全力以赴，即使在销售的过程中遇到了各种苦难和挫折，都能咬紧牙关，不断自我激励，即使内心呼喊着"不行了、不行了"，也要坚持到底；而研发人员的职业精神，就是能够一心扑在研发的岗位上，即使有时候废寝忘食也不在乎，为解决一个技术上的难题而绞尽脑汁，同时还不断地学习新的知识，主动"充电"，自行提高业务能力。

职业精神是企业越来越青睐的品质。企业关注的是效益，企业考查员工的业绩也主要是看他能够为公司创造多少效益，而效益的取得直接由员工的专业精神决定。专业精神意味着：对自己所从事的工作有着精深的学习与孜孜不倦的研究；方方面面的精益求精；在原有知识基础上不断地学习与创新，充满创造力；超越一般的技术水准；执着地追求顾客极高的满意度。

职业技能是职业精神的基础。如果把职业精神比作员工品质中的一座大厦，那么职业技能就是构筑这座大厦的根基。中央人民广播电台播音员的标准播音速度是每分钟 120 字，一般人的正常阅读速度是每分钟 200 字，受过专业训练的人一般正常速度是每分钟 300 字。如果一个受过专业训练的员工从事文字方面的工作，但是他的阅读速度还达不到普通人，那么他明显缺乏职业精神。要想成为一个公司欣赏的有职业精神的员工，首先应该不断提高自己的职业技能。提高职业技能唯一的方法就是学习，并在实际的工作中不断实践。决定员工工作品质的就是员工的业务水平、职业技能，以及对本专业的投入程度。

职业精神更表现为一种对工作的态度。以服务业来说，很多人都把服务等价于职业技能，认为服务好的就是专业技能强的。以前许多人认为胡同门口杂货店老板快速拨动的五指算盘、旧报纸包杂货的熟练动作就是高质量的服务，现在许多人认为营业员快速敲动的电脑键盘、送货员送货上门的行为就是高质量的服务。但是，在这个过程中，他们的脸始终没有一点表情，他们甚至没有看过顾客一眼，这仅仅是一次交易，而不是他们提供的一次服务。2008年，美国社会学家罗伯特·K.默顿发展了社会学结构功能方法。他认为，在功能分析上应该注意分析社会文化事项对个人、社会群体所造成的客观后果。他提出外虚功能和潜在功能的概念，前者指那些有意造成并可认识到的后果。① 按照他的这种方法来分析，职业态度和精神的变化以方向和强度都会为个体在职业能力中的体现造成不同的后果。

一、诚信意识

诚信是公民的第二个"身份证"，是日常行为的诚实和正式交流的信用的合称。当现代人意识到自己可以积极争取权利和利益时，却错误地认为自由就是无规定和不受约束地为所欲为，因此人们往往为了一己私利而不择手段，损人利己，将道德规范、承诺信誉、合约法律置之度外，做出种种自私行为。例如中国大陆的经济开始急速发展，但信用制度、市场规则尚未健全，于是一些见利忘义的人就钻制度、法律不完备、执法不严的空子，不讲信用，形成了现今"见利忘信"现象，导致了一连串的严重后果。在社会普遍缺乏诚信的今天，社会呼吁诚信回归。大学生要深刻反思自己的行为，做一个诚信公民。作为即将进入职场的大学生，诚信是职业品质的最基本要求。有的同学认为只要不违反国家法律都行，不把诚信放在心上。但是一点点不诚信的思想和行为日积月累最终会毁掉一个人的价值观，也必将葬送自己的职业生涯。

二、敬业精神

马克思在其中学毕业论文《青年在选择职业时的考虑》中写道："在选择职业时，我们应该遵循的主要指针是人类的幸福和我们自身的完美。不应认为这两种利益是敌对的、互相冲突的，一种利益必须消灭另一种；人类的天性本来就是这样，人们只有为同时代人的完美、为他们的幸福而工作，才能使自己也达到完善。……如果我们选择了最能为人类服务的职业，我们就不会为任何沉重负担所压倒，因为这是为全人类做出牺牲；那时我们得到的将不是可怜的、有限的和自私自利的快乐，我们的幸福将属于亿万人，我们的事业虽然并不显赫一时，但将永远发挥作用，当我们离开人世之后，高尚的人将在我们的骨灰上洒下热泪。"马克思在青年时期就树立的为全人类服务的崇高敬业精神，为大学生树立了光辉的榜样。

1.热爱你做的事情。

热爱你做的工作或事情，用心去做，这是敬业的前提。只有那些热爱自己事业，对自己所追求的目标全身心投入的人，才会获得成功。国外一项调查显示：学历资格已不是公司招聘员工时的首要条件，大多数企业认为，良好的工作态度是雇佣员工的最重要条件，其次才是职业技能和工作经验。

2.从小事着手，彰显个性魅力。

"天下难事，必做于易；天下大事，必做于细。"这句话出自老子的《道德经》，意思是能做大事的人也能把小事做好，从细微处见精神。

①〔美〕罗伯特·K.默顿(Robert K.merton).社会理论和社会结构[M].唐少杰，齐心等，译.南京：译林出版社，2008

3.正确执行,少一些借口。

在职场上的组织原则是下级服从上级,分公司服从总公司的管理。作为刚踏入职场的大学生最重要的是要懂得正确执行组织下达的任务。

4.勤奋踏实,"超质"完成任务。

勤能补拙,笨鸟先飞。付出与收获是成正比的。你只有比别人"超质"完成工作任务,你才会被重视。

三、责任感

责任感从本质上讲既要利己,又要利他人、利事业、利社会、利国家,而且自己的利益同国家、社会和他人的利益相矛盾时,要以国家、社会和他人的利益为重。人只有有了责任感,才能具有驱动自己一生都勇往直前的不竭动力,才能感到许许多多有意义的事需要自己去做,才能感受到自我存在的价值和意义,才能真正得到人们的信赖和尊重。

1.敢于承担自己错误的勇气。

敢做敢当,这是中国人的优良道德意识。做错了事情要勇于承担责任,这样才会具有责任感。

2.爱的责任。

在教育子女方面,中国的父母可谓不计成本。家长们含辛茹苦,把自己的一切都给了子女,但是有多少子女能够懂得父母的爱!只有懂得爱父母,才能爱其他人,才能懂得感恩和付出。只有具有了爱的责任,才会懂得社会责任,才会处理人与人之间的关系,才会为企业做贡献。只有大家不断地付出爱,爱才能延续,温暖整个世界。

3.生存责任。

大学生作为成年人必须面对生存的压力,不能回避,也不能以自己好恶简单取舍。我们从幼儿园开始学习直到大学,长达十多年的学业生涯为的是什么?是生存,生活得更好一些。如果大学生毕业不能很好地就业,自己的生存问题都不能解决,那么为社会服务就是一句空话。很多同学到了大学后,一直找不到自己的位置,四年晃晃悠悠地过去了,留下的是无尽的遗憾。前面我们谈到过职业能力是职场竞争的"撒手锏",必须努力培养和提高自己的职业能力,获得生存的本领,才能立足于社会。

4.工作责任。

工作责任感是把工作职责放在第一位,以高度的使命感去完成任务。这是职业人的核心道德品质。敬业体现在全心全意地为工作付出,不计回报。这是职业人的核心道德品质。有一次,HP公司面临裁员,总经理把这个不幸的消息告诉给一名正在外面洽谈业务的员工。当这名员工知道这件事后,平静地说:"等我把这单业务签下来再回公司办手续!"总经理握着电话哭了。这就是世界500强企业培养出来的高素质员工,把公司的利益始终放在神圣的位置,具有这样高素质的员工何愁找不到工作。

现在许多同学办事缺乏责任感,老师交代的事情,不能认真完成,最后不了了之。工作缺乏严肃性和连续性,这方面应引起大家的重视。

四、坚韧力

坚韧力也叫意志力,是一种人们为达到预定的目标而自觉克服困难、努力实现的意志品质;坚韧力,是人的一种"心理忍耐力",是一个人完成学习、工作、事业的"持久力"。当它与人的期望、目标结合起来后,它会发挥巨大的作用;坚韧力是一个人敢不敢自信、会不会专注、是不是果断、能不能自制和有没有忍受挫折能力的结晶。无论你经历了怎样的挫折，都要勇敢地站起来，继续前进。苏轼说："古之成大事者，不惟有超世之才，亦必有坚韧不拔之志。"

在大学里经历一些挫折未尝不是好事，个人成长就如禾苗生长，不经过大自然风霜的洗礼，生命就不会顽强。所以当自己身处逆境，不要怨天尤人，放弃自己，而要坚韧不拔，战胜困难，成为生活中的强者。

五、主动自发

世界会给你以厚道，既有金钱也有荣誉，只要你具备这样一种品质，那就是主动。什么是主动？让我告诉你：主动就是不用别人告诉你，你就能出色地完成工作。

主动要求你主动、自觉地思考问题，并用切实的行动去解决问题。不要等着工作来找你，相反，你要积极主动去找工作。前些日子与一位公司总经理交流员工职业生涯规划问题。他非常懊恼，因为最近公司要裁员，许多工作多年的员工要下岗。每天他的办公室人络绎不绝，说情的、论理的、哭闹的弄得他左右为难。我问他裁员的标准是什么，他说裁掉那些人浮于事的、业务素质低不能为公司创造价值的人。他们平时不主动学习提高自己的业务水平，现在面临裁员后无法在社会生存的危机，所以才会牢骚满腹。这里涉及两个问题，一是企业应该主动为员工进行职业培训，二是员工也应该自动自发地学习，提高自己的职业生存能力。

在生活中很多人都会说这个企业不是我的，与我何干？把我自己应该做的做好就行了。要知道，公司给你工资，聘用你是为了让你发挥更大的作用，没有作为就没有地位，所以你必须随时思考，以组织利益为前提采取合理的行动，为单位解决实际问题。在这个过程中你的能力和价值也就体现出来了，你的职业生涯也就有了更多的机会和更大的发展空间。

六、自尊自重

美国机能主义心理学的先驱威廉·詹姆斯在《心理学原理》(1890)一书中提出了一个自尊的公式：自尊＝成功÷抱负。意思是说："自尊取决于成功，还取决于获得的成功对个体的意义，增大成功和减小抱负都可以获得高的自尊。"成功或许有许多制约因素，不是很容易就能做到的，但我们要努力做到以下几点。

1.守时。

守时就是遵守时间，这是人际交往最基本的礼仪。可是多数大学生的时间观念较差，经常在开会、集体活动时迟到。大学生上课迟到已经成了司空见惯的事情，老师和同学似乎都麻木了。

在学校里老师可以原谅你，到了职场上就成了职业人的"大忌"。时间是自己的，也是别人的。做一名守时的人，会赢得别人的尊重。

2.公共行为规范。

人的行为反映出内心的道德标准。当大学生对自己的行为无知，并把那些不良的行为养成了习惯，那么他们在以后的职场路上不知要吃多少苦。大学生的行为素质堪忧！因此，生活在校园的大学生是否应该检查自己的行为，进行自我反思呢？

3.内敛慎独。

内敛是指不过度张扬自己，适当表现，这样既展示了自己的能力，又促进团队和组织和谐发展。在这个充满竞争的社会中,如果不懂得表现自己,那么自己永远也不会有机会垂青。但是过分张扬自己,又会与团队文化冲突。

一个正确的认识,往往需要经过由物质到精神、由精神到物质,即由实践到认识、由认识到实践这样多次的反复,才能够完成。这就是马克思主义的认识论,就是辩证唯物论的认识论。因此,大学生必须十分重视自我推进职业精神向职业实践的转化。

第二节　职业个性

一、职业个性的含义

职业个性是个体在职业活动中体现出来的个体所具有的、比较稳定的心理特征,主要指个体健康的身心素质和健全的人格素质。健康的身心素质是学生职业生涯获得成功的关键,健全的人格素养、对自我和社会的正确认识以及坚强的意志和耐挫力,是学生职业发展的基础。

高职学生职业个性教育体现在两个层次:一是高职学生德、智、体、美等方面的全面和谐发展。随着现代社会经济结构的不断调整与职业流动性的加剧,高职学生必须成为德、智、体、美各方面协调发展的综合人才,才能不断适应职业变化的要求。二是高职学生在人与社会、人与自然等方面协调统一、和谐发展,充分强调个体在社会发展中的能动作用。传统社会本位的教育模式、高度统一的教育标准、僵化的教育模式和机械的教育方法,窒息了人的主动性和创造精神,而当今社会对劳动者主动性和创造精神的需求,使得高职学生职业个性教育成为必需,因此,帮助高职学生了解自己的职业个性是职业素质提升的关键点。

二、职业个性的重要性

社会人力资源的研究成果表明,职业个性与个人事业的成功与否有密切的关系,一个人的职业素质越高,获得成功的机会就越大。被誉为职业指导之父的美国职业指导专家弗兰克·帕森斯曾明确指出,人的个性影响职业行为的习惯,不同人格模式的个人都有其相适应的职业,人们要想在职业生活中充分地施展自己的个性特点,实现自己的个性要求,获得尽可能大的自由感、满足感和适应感,那么在择业前,就应该了解自己所属的个性类型及其职业适应性。因此,职业素质培养的目的就是要解决大学生的兴趣、能力与工作机会相匹配的问题,帮助大学生寻找与其特性相一致的职业。例如,大学生喜欢什么样的同事,喜欢怎样的活动,对什么问题感兴趣,这些问题都会与他们未来的工作状态有必然的联系。这会使大学生在确定自己的职业时,理性思考多一些,针对性强一些,个人优势突出一些。了解职业个性,有利于大学生进行职业定位,进而有助于他们在择业过程中选择适合自己的职业。

三、几种常用的职业个性测试方法

(一)职业锚测评

职业锚理论,也称为职业价值观理论,产生于美国麻省理工学院斯隆商学院,是由美国著名的职业指导专家埃德加·H.施恩(Edgar.H.Schein)教授领导的专门研究小组在对该学院毕业生的职业生涯研究中总结提出的。

职业锚是指当一个人面临职业选择的时候，个体无论如何都不会放弃的职业中至关重要的东西或理念。研究表明职业锚是一个人内心深处对自己的看法，它是个人的才干、动机以及价值观经过自省后形成的，职业锚可以指导、约束或稳定个人的职业生涯。

施恩根据自己对麻省理工学院毕业生的研究，提出了以下几种职业锚。

1.技术/职能型。

技术/职能型的人，追求在技术或职能领域的成长和技能的不断提高，希望在工作中实践并应用这种技术或职能。他们对自己的认可来自他们的专业水平，他们喜欢面对专业领域内的挑战。通常他们不喜欢从事一般的管理工作，因为这意味着他们不得不放弃在技术或职能领域内的成就。

2.管理型。

管理型的人，追求并致力于职位晋升，倾心于全面管理和独立负责一个部分，可以跨部门整合其他人的努力成果。他们想承担整体的责任，并将公司的成功与否看作衡量自己工作能力的标准。具体的技术、职能工作仅仅被看作是通向全面管理层的必经之路。

3.自主/独立型。

自主/独立型的人，希望随心所欲地安排自己的工作方式、工作习惯和生活方式。追求能施展个人能力的工作环境，最大限度地摆脱组织的限制和制约。他们宁愿放弃职位提升或工作发展的机会，也不愿意放弃自由与独立。

4.安全/稳定型。

安全/稳定型的人，追求工作中的安全感与稳定感。他们因为能够预测到稳定的将来而感到放松。他们关心财务安全，例如养老金和退休计划。他们对公司忠诚，能够完成老板交代的工作。他们并不关心具体的职位和具体的工作内容是什么，只要职位与工作内容比较稳定，他们就会感到比较放松。

5.创造/创业型。

创造/创业型的人，希望用自己的能力去创建属于自己的公司或创建完全属于自己的产品（或服务），而且愿意冒风险，并克服面临的障碍。他们非常想向世界证明"通过自己的努力可以创建属于自己的公司或产品"。他们可能也会在别人的公司工作，但并不会长久，他们是在学习并寻找机会。一旦时机成熟了，他们便会走出去创立自己的事业。

6.服务型。

服务型的人，一直在追求他们的核心价值，例如：帮助他人，维护人们的安全，通过新的产品消除疾病等。他们一直追寻这种机会，这意味着即使变换公司，他们也不会接受无法实现这种价值的变动或工作提升。

7.挑战型。

挑战型的人，喜欢解决看上去无法解决的问题，战胜强硬的对手，克服无法克服的障碍等。对他们而言，参加工作或职业的原因是工作允许他们去战胜各种不可能。他们需要新奇、变化和困难，如果工作非常容易，他马上就会厌倦这份工作。

8.生活型。

生活型的人，希望将生活的各个主要方面整合为一个整体，喜欢平衡个人的、家庭的和职业的需要，因此，生活型的人需要一个能够提供"足够弹性"的工作环境来实现这一目标。生活型的人甚至可以牺牲职业的一些方面，例如放弃职位的提升或调动，来换取三者的平衡。相对于具体的工作环境、工作内容，生活型的人更关注自己如何生活、在哪里居住、如何处理家庭事情及怎样提升自我等。

职业锚测评问卷

下列陈述对你的重要性如何？完全不重要计1分，极其重要计10分。请选择一个分数代表对你的重要性。

1——2——3——4——5——6——7——8——9——10

完全不重要　　　　　　　　　　　　　　　　　　　　极其重要

(　　)1.我的职业生涯要瞄准某些专业性的功能或技术领域。

(　　)2.在各种层次上承担影响、领导和监管他人的职能。

(　　)3.有机会以自己的方式行事，不受组织规章约束。

(　　)4.有一个靠得住的老板来为我提供稳定的工作、福利和周全的退休安排。

(　　)5.发挥我的交往能力和助人技能，来服务他人。

(　　)6.解决几乎不能解决的难题。

(　　)7.造就一种生活艺术，来协调我的事业和家庭。

(　　)8.有能力创造或产生我自己的产品或想法。

(　　)9.即使有晋升机会，我也不放弃或脱离我的专业领域。

(　　)10.全面管理一个组织。

(　　)11.不受组织制约的自由职业。

(　　)12.我的就业机构能保证我的职业生活长期稳定。

(　　)13.发挥我的才智，让人们工作和生活得更好。

(　　)14.与他人竞争并获得成功。

(　　)15.职业生涯允许我追求我自己的生活方式。

(　　)16.开创一项新事业。

(　　)17.在整个职业生涯中，保持我的专家水平。

(　　)18.晋升到一个更高的管理职位。

(　　)19.职业允许我有尽可能大的独立和自由，来安排自己的工作内容和时间等。

(　　)20.我宁愿一直待在一个地方，即使为了升职，我也不愿意搬家。

(　　)21.发挥我的潜能和才干，为他人和社会做有价值的事。

(　　)22.我已经经历了来自各种领域的真正的挑战，成功解决了最困难的问题。

(　　)23.我一直在努力平衡我的家庭和事业(学业)。

(　　)24.我一直怀有建立自己的企业的想法。

(　　)25.只有在我的专业领域内，我才愿意接受管理职位。

(　　)26.我喜欢在管理职位上监管各个业务部门的职员，整合他们的努力。

(　　)27.在我的职业生涯中，我关注的主要是自由感和独立感。

(　　)28.我宁愿待在目前的居住地，而不愿为了升职或一份新工作迁移到一个新地方。

(　　)29.我一直在寻找一种能够服务他人的职业。

(　　)30.竞争和获胜是我职业生涯中最重要和令人激动的一部分。

(　　)31.我的职业只有适合我自己的生活方式时，才真正有意义。

(　　)32.创业是我职业生涯中最重要的活动。

(　　)33.我宁愿离开公司，也不愿意被提升到与我的专业领域无关的岗位上。

(　　)34.只有晋升为高层管理人员，我才会有成功感。

(　　)35.我追求自由，不愿被一个组织或企业所束缚。

(　　)36.我宁愿终身受雇于某一组织。

(　　)37.我希望献身于关系着人们重要利益的事业。

(　　)38.只有不断地遇到难题或竞争对手的挑战时,我才会有成功感。

(　　)39.我觉得,选择和维持一种合适的生活方式比职业成功更重要。

(　　)40.我一直向往建立我自己的企业。

(　　)41.我喜欢的工作是,能够保证我一直待在一个固定的地方。

计分方法:

列举出每个题目的得分,每一列的得分即为该职业锚的得分。分数最高的职业锚即为个体的主导职业锚。

TF	GM	AU	SE	EC	SV	CH	LS
1 ______	2 ______	3 ______	4 ______	8 ______	5 ______	6 ______	7 ______
9 ______	10 ______	11 ______	12 ______	16 ______	13 ______	14 ______	15 ______
17 ______	18 ______	19 ______	20 ______	24 ______	21 ______	22 ______	23 ______
25 ______	26 ______	27 ______	28 ______	32 ______	29 ______	30 ______	31 ______
33 ______	34 ______	35 ______	36 ______	40 ______	37 ______	38 ______	39 ______
			41 ______				
总分							

(华中科技大学就业指导与职业发展教研室)

职业锚分析:

1.技术/职能型职业锚(TF)

这一领域的得分在积分表的TF下方。

如果你的职业锚是技术/职能型,你始终不肯放弃的是在专业领域中展示自己的技能,并不断地把自己的技术发展到更高层次的机会。

你希望通过施展自己的技能以获得别人的认可,并乐于接受来自专业领域的挑战,你可能愿意成为技术/职能领域的管理者,但管理本身并不能给你带来乐趣,你极力避免全面管理的职位。

2.管理型职业锚(GM)

这一领域的得分在积分表的GM下方。

你始终不肯放弃的是升迁到组织更高的管理职位,这样你能够整合其他人的工作,并对组织中某项工作的绩效承担责任。

你希望为最终的结果承担责任,并把组织的成功看作自己的工作。

3.自主/独立型职业锚(AU)

这一领域的得分在积分表的AU下方。

你始终不肯放弃的是按照自己的方式工作和生活,你希望留在能够提供足够的灵活性,并由自己来决定何时及如何工作的组织中。

你宁可放弃升值加薪的机会,也不愿意丧失自己的自主独立性。为了得到最大程度的自主和独立,你可能创立自己的公司。

4.安全/稳定型职业锚(SE)

这一领域的得分在积分表的SE下方。

你始终不肯放弃的是稳定的或终身雇佣制的职位。

你希望有成功的感觉,这样你才可以放松下来。你关注财务安全和就业安全。你对组织忠诚,对雇主言听计从,希望以此获得终身雇佣的承诺。

5.创造/创业型职业锚(EC)

这一领域的得分在积分表的EC下方。

你始终不肯放弃的是凭借自己的能力和冒险愿望，扫除障碍，创立属于自己的公司或组织。

你希望向世界证明你有能力创建一家企业，现在你可能在某一组织中为别人工作，但同时你会学习并评估未来的机会，一旦你认为机会成熟，就会尽快地开始自己的创业历程。

6.服务型职业锚(SV)

这一领域的得分在积分表的SV下方。

你始终不肯放弃的是做一些有价值的事情，比如：解决环境问题、增进人与人之间的和谐、帮助他人等。

你宁愿离开原来的组织，也不会放弃对这些工作机会的追求。

7.挑战型职业锚(CH)

这一领域的得分在积分表的CH下方。

你始终不肯放弃的是去解决看上去无法解决的问题，战胜强硬的对手或克服面临的困难。

对你而言，职业的意义在于允许你战胜不可能的事情。

8.生活型职业锚(LS)

这一领域的得分在积分表的LS下方。

你始终不肯放弃的是平衡并整合个人的、家庭的和职业的需要。

你希望生活中的各个部分能够协调统一向前发展，因此你希望职业有足够的弹性允许你来实现这种整合。

(二)MBTI性格类型测试

迈尔斯—布里格斯性格类型指标缩写为MBTI(Myers-Briggs Type Indicator)，是世界上使用最为广泛的性格测试工具，每年有两百多万人使用这一工具。MBTI是一种迫选型、自我报告式的性格测试问卷，用以衡量和描述人们在获取信息、做出决策和生活取向等方面的偏好。

MBTI表征人的性格，该指标以瑞士心理学家荣格划分的三种性格偏好维度为基础，加以扩展，形成四个维度：外倾(E)一内倾(I)；感觉(S)一直觉(N)；思维(T)一情感(F)；判断(J)一知觉(P)。这四种维度构成16种性格类型。四个维度如同四把标尺，每个人的性格都会落在标尺的某个点上，这个点靠近哪个端点，就意味着个体就有那方面的偏好。MBTI测试能够帮助求职者找到与其性格类型相匹配的职业。

1.外倾(E)一内倾(I)。

外倾的人倾向于将注意力和精力投注在外部世界，外在的人，外在的物，外在的环境等，而内倾的人则相反，较为关注自我的内部状况，如内心情感、思想。

2.感觉(S)一直觉(N)。

感觉型的人关注的是事实本身，注重细节，而直觉型的人注重的是基于事实的含义、关系和结论；感觉型的人信赖五官听到、看到、闻到、感觉到、尝到的实实在在、有形有据的事实和信息，而直觉型的人注重“第六感觉”，注重“弦外之音”。

3.思维(T)一情感(F)。

情感型的人常从自我的价值观念出发，变通地贯彻规章制度，做出一些自己认定是对的决策，比较关注决策可能给他人带来的情绪体验，人情味较浓。思维型的人则比较注重依据客观事实的分析，一以贯之、一视同仁地贯彻规章制度，不太习惯根据人情因素变通，哪怕做出的决定并不令人舒服。

4.判断(J)一知觉(P)。

判断型的人目的性较强，一板一眼，他们喜欢有计划、有条理的世界，更愿意以比较有序的方式生活。知觉型的人好奇心、适宜性强，他们会不断关注新的信息，喜欢变化，也会考虑许多可能的变化因素，更愿意以比较灵活、随意、开放的方式生活。在做决策时，判断型的人较为果断，而知觉型的人总希望获得更多信息后再决断。

MBTI 测试举例：

外倾(E)—内倾(I)测试

请在适合你的心意(最能贴切地描绘你一般的感受或行为)的答案前打钩。

1.在社交聚会中，你是(　　)

A.常常乐在其中

B.有时感到烦闷

2.大多数人会说你是一个(　　)

A.非常坦率开放的人

B.重视自我隐私的人

3.在社交场合中，你经常会感到(　　)

A.与多数人都能从容地交谈

B.与某些人很难打开话匣儿和保持对话

(三)霍兰德职业适应性测验

霍兰德职业适应性测验(The Self-Directed Search，简称 SDS)由美国著名职业指导专家约翰·霍兰德(John Holland)编制。霍兰德于 1959 年提出了具有广泛社会影响的职业兴趣理论，并且在几十年间经过一百多次大规模的实验研究，形成了人格类型与职业类型的学说和测验。其测验能帮助被试者发现和确定自己的职业兴趣和能力专长，从而科学地求职择业。

霍兰德职业适应性测验分为 R、I、A、S、E、C 六个部分，每个部分 8 道题，六个部分分别计分。R 代表“现实型”，I 代表“研究型”，A 代表“艺术型”，S 代表“社会型”，E 代表“企业型”，C 代表“常规型”。

现实型的人不重视社交，而重视物质的、实际的利益。他们遵守规则，喜欢安定，感情不丰富，缺乏洞察力。在职业选择上，他们希望从事有明确要求、需要一定的技能技巧、能按一定程序进行操作的工作，如机械、电工技术等。

研究型的人具有强烈的好奇心，重分析，好内省，比较慎重。他们喜欢从事有观察、有科学分析的创造性活动和需要钻研精神的职业，如科学研究等。

艺术型的人想象力丰富，有理想，易冲动，好独创。他们喜欢从事非系统的、自由的、要求有一定艺术修养的职业，即音乐、美术、影视、文学等与美感直接或间接有关的职业。

社会型的人乐于助人，善社交，易合作，重视友谊，责任感强等。他们希望从事那些直接为他人服务，为他人谋福利或与他人建立和发展各种关系的职业，如教育、医疗工作等。

企业型的人喜欢支配别人，有冒险精神，自信而精力旺盛，好发表自己的见解。他们愿意从事那些为直接获得经济效益而活动的职业，如经营管理、产供销等方面的职业。

常规型的人易顺从，能自我抑制，想象力较差，喜欢稳定、有秩序的环境。在职业选择上，他们愿意从事那些需要按照既定要求工作的、比较简单而又比较刻板的职业，如办公室事务员、仓库管理员、非技术操作工等。

霍兰德职业适应性测验

如何选择适合自己职业性格的测试？下面的测验对你会有所帮助。这份测验分为 R、I、A、S、E、C 六部分，每个部分为 8 道题。请根据自己的实际情况做出回答。符合自己的，则把该问题后面的“是”圈起来；难以回答的，则把“?”圈起来；不符合的，则把“否”圈起来。

R：

1.你曾经将钢笔全都拆散加以清洗并能独立地将它组装起来吗？ 是 ？ 否

2.你会用积木搭出许多造型吗？或小时候常做拼图吗？ 是 ？ 否

3.你在中学时喜欢做实验吗？ 是 ？ 否

4.你喜欢尝试着做一些木工、电工、金工、钳工、修钟表、印照片等其中的一件或几件事情吗？或你对织毛线、绣花、剪纸、裁剪等很感兴趣吗？ 是 ？ 否

5.当你家里有些东西需要小修小补时（诸如窗子关不严了，凳子坏了，衣服不合身了等），常常是由你做的吗？ 是 ？ 否

6.你常常偷偷地去摸弄不让你摸弄的机器或机械（诸如打字机、摩托车、电梯、机床等）吗？ 是 ？ 否

7.你觉得身边有一把镊子或老虎钳等，就会便利许多吗？ 是 ？ 否

8.看到老师傅在做活，你能很快地、准确地模仿吗？ 是 ？ 否

I：

1.你对电视或单位里的智力竞赛很有兴趣吗？ 是 ？ 否

2.你经常到新华书店或图书馆翻阅图书（文艺小说除外）吗？ 是 ？ 否

3.你常常会主动地去做一些有趣的习题吗？ 是 ？ 否

4.你总想要知道一件新产品或新事物的构造或工作原理吗？ 是 ？ 否

5.当同学或同事不会做某一道习题或不知道工作原理来请教你时，你能给他讲清楚吗？ 是 ？ 否

6.你常常会对一件想知道但又无法详细知道的事物想象出它将是什么或将怎么变化吗？ 是 ？ 否

7.看到别人在为现代战争有趣的难题讨论不休时，你会加入吗？或者即使不加入，你也会一个人思考很久，直到你觉得解决了为止吗？ 是 ？ 否

8.看推理小说或电影时，你常常试图在结果出来以前分析出谁是罪犯，并且这种分析时常和小说或电影的结局相吻合吗？ 是 ？ 否

A：

1.你对戏剧、电影、文艺小说、音乐、美术等其中的一两个方面较感兴趣吗？ 是 ？ 否

2.你常常喜欢对文艺界的明星评头论足吗？ 是 ？ 否

3.你曾参加过文艺演出或写过诗歌、短文被墙报或报刊采用，或参加过业余绘画训练吗？ 是 ？ 否

4.你喜欢把自己的住房布置得优雅一些而不喜欢过分豪华和拥挤吗？ 是 ？ 否

5.你觉得你能较准确地评价别人的服装、外貌以及家具摆设等的美感如何吗？ 是 ？ 否

6.你认为一个人的仪表美主要是为了表现一个人对美的追求而不是为了得到别人的赞扬或羡慕吗？ 是 ？ 否

7.你觉得工作之余坐下来听听音乐，看看画册或欣赏戏剧等，是你最大的乐趣吗？ 是 ？ 否

8.遇到有美术展览会、歌星演唱会等活动，常常有朋友来约请你一起去吗？ 是 ？ 否

S：

1.你常常主动给朋友写信或打电话吗？ 是 ？ 否

2.你能列出五个你自认为够朋友的人吗？ 是 ？ 否

3.你很愿意参加学校、单位或社会团体组织的各种活动吗？ 是 ？ 否

4.你看到不相识的人遇到困难时，能主动去帮助他，或向他表示你同情与安慰的心情吗？ 是 ？ 否

5.你喜欢去新场所活动并结交新朋友吗？ 是 ？ 否

6.对一些令人讨厌的人，你常常会由于某种理由原谅他、同情他，甚至帮助他吗？ 是 ？ 否

7.有些活动，虽然没有报酬，但你觉得这些活动对社会有好处，就积极参加吗？ 是 ？ 否

8.你很注意你的仪容风度，这主要是为了让人产生良好的印象吗？ 是 ？ 否

E：

1.你觉得通过买卖赚钱，或通过将钱存银行生利息很有意思吗？ 是 ？ 否

2.你常常能发现别人组织的活动的某些不足，并提出建议让他们改进吗？ 是 ？ 否

3.你相信如果让你去做一个个体户，一定会成功吗？ 是 ？ 否

4.你在上学时曾经担任过某些职务（诸如班干部、课代表、卫生员等）并且自认为干得不错吗？ 是 ？ 否

5.你有信心去说服别人接受你的观点吗？ 是 ？ 否

6.你的心算能力较强，不对一大堆的数字感到头疼吗？ 是 ？ 否

7.做一件事情时，你常常事先仔细考虑它的利弊得失吗？ 是 ？ 否

8.在别人跟你算账或讲一套理由时，你常常能换一个角度考虑，而发现其中的漏洞吗？ 是 ？ 否

C：

1.你能够用一两个小时坐下来抄写一份你不感兴趣的材料吗？ 是 ？ 否

2.你能按领导或老师的要求尽自己的能力做好每一件事情吗？ 是 ？ 否

3.无论填报什么表格，你都非常认真吗？ 是 ？ 否

4.在讨论会上，如果不少人已经讲的观点与你的不同，你就不发表自己的观点了吗？ 是 ？ 否

5.你常常觉得在你周围有不少人比你更有才能吗？ 是 ？ 否

6.你喜欢重复别人已经做过的事情而不喜欢做那些要自己动脑筋摸索着干的事吗？ 是 ？ 否

7.你喜欢做那些已经很习惯了的工作，同时最好这种工作责任心小一些，工作时还能聊聊天，听听歌曲吗？ 是 ？ 否

8.你觉得将非常琐碎的事情整理好，或由于你的工作，使有些事情能日复一日地运转很有意义吗？ 是 ？ 否

结果统计与分析：

1.测验 R、I、A、S、E、C 六个部分，分别统计分数。每圈 1 个“是”计 1 分，每圈 1 个“？”计 0 分，每圈 1 个“否”计－1 分。

2.在某一部分得分最高，说明你的人格类型与此类型最为符合，可据此类型找到匹配的职业。

R	题号	1	2	3	4	5	6	7	8	总分
	得分									
I	题号	1	2	3	4	5	6	7	8	总分
	得分									
A	题号	1	2	3	4	5	6	7	8	总分
	得分									

S	题号	1	2	3	4	5	6	7	8	总分
	得分									
E	题号	1	2	3	4	5	6	7	8	总分
	得分									
C	题号	1	2	3	4	5	6	7	8	总分
	得分									

第三节　社交礼仪

社交礼仪是指人们在社会交往中通过语言、礼仪、仪容及举止等表现出来的用以美化自身、尊敬他人的约定俗成的行为规范和程序。讲究社交礼仪已经成为人们社会生活中不可或缺的一项内容,这不但是文明生活的一项重要标志,也是衡量个人修养与形象的一个重要指标。讲究社交礼仪可以在社会交往中起到推波助澜的作用,高职教育是为了培养出在生产经营、社会服务行业的高端技能型人才,由于学生生源复杂,知识程度参差不齐,学生综合素质欠佳,因此加强高职学生社交礼仪教育尤为重要。

一、社交礼仪的原则

社交礼仪在具体遵行时,要把握五项原则,这是处理人际关系的出发点和指导原则。

1.尊敬原则。

“敬人者人恒敬之”“人敬我一尺,我敬人一丈”“礼者,敬人也”等这些古训,都要求我们与人交往要相互尊敬。尊敬是社交礼仪的情感基础。对人尊敬和友善,是处理人际关系的一项重要原则。与人之间彼此尊重才能保持和谐愉快的人际关系。生活中有一些看似不引人注目的小事,却是不尊重别人的表现,往往引发不必要的争端。

2.遵守原则。

在人际交往和各种仪式中,按规定的礼节行事,就符合礼仪,否则就是失礼、无礼的表现,这会给人际关系和事业带来不良的后果。所谓遵守,一是守法循礼,二是守约重诺。

3.自律原则。

遵守礼仪规范是自我克制,要求别人遵守的同时自己也要自觉遵守。自律的过程是完善自己、提高自己整体素质的过程。以礼仪规范严格要求自己,要学会待人宽、律己严,学会自我反省、自我约束,从而达到以礼待人、行动上不出格、仪态上不失态、言语上不失礼。

4.适度原则。

人际交往是需要双向付出的,距离是维持朋友关系最重要、最微妙的空间。距离可以产生美,掌握好交往时的感情尺度,可以达到意想不到的效果;距离也可以产生“害”,如果过分表达,反而会让人产生不适感。礼仪运用上也会“过犹不及”,要注意把握分寸,掌握好社交距离。

5.宽容原则。

在与他人交往的过程中,宽容是建立良好人际关系的重要条件。由于每个人的修养、思想、立场的不同，产生的看法和行为也会不同，因此我们要用宽广的胸怀去容人，学会换位思考，包容别人过失的同时也能体现自己的良好修养。

二、个人形象

个人形象是指一个人在人际交往中留给他人的总体印象，以及由此而使他人对其所形成的总体评价和看法。个人形象具体包括仪容、仪态等。美国心理学家奥博特·麦拉比安认为人的印象形成是这样的比例：55%取决于外表、形象，包括服装、个人面貌、动作、姿态等无声语言；45%取决于语气、语调、言辞等有声语言。由此可见仪容、仪表、仪态等形象作为社交礼仪中的重点，在现代社会人际交往中起着非常大的作用，是交往是否融洽、是否成功的重要决定因素。

(一)仪容

仪容是由一个人的面容、发型以及身体所有未被装饰物遮掩的肌肤所构成。它不仅是指人的外貌，更是一个人精神状态和内在气质的外在体现。在当今社会交往中良好的仪容能给人舒适大方的印象，有助于赢得别人的尊重和喜爱，推动目标的达成。

1.头发的修饰。

品味从头开始，头发不仅可以看出一个人的整洁程度，还能修饰一个人的脸型。修饰头发，应注意勤于梳洗、发型得体、场合适宜。因此，平常应勤于打理、保持干净整洁、松软有光泽，才能呈现出光洁的面容，展现出良好的素养和气质。应根据不同性别、身材、年龄、脸型、身份、性格、职业等因素设计适合个人风格的发型。

(1)女生的发型应体现青春活力，避免老气呆板。发型的选择余地较大，根据年龄和脸型短、中、长发均可。可以适当地染发，但切忌颜色过分突出，给人不庄重的感觉。

(2)男生可选三七分头式和短平头。分头显得俊秀，短平头显得自信、刚健。

2.面容的修饰。

面容是仪表之首，在社会交往中对面容的修饰尤为重要。社交中的仪容美，要求做到自然、协调、美观、整洁。不同的行业和层面要有不同的化妆风格，男士和女士面容修饰也有各自不同的特点。

(1)男士面容要求：养成定期修面、剃胡须和修剪鼻毛的好习惯，保持牙齿和口腔的清洁，不要让这些不起眼的细节摧毁自己的形象。

(2)女士面容要求：女士面容修饰相对男士复杂许多，美容化妆是生活中重要的一门艺术，属于生活美学的范畴。适当化妆既能表现出个人对美的追求，同时也是对他人尊重的一种表现。凡事过犹不及，化妆也一样，化妆风格一定要考虑具体的时间、场合和自身的特点。总的来说，化妆要干净、清爽、自然，与年龄、身份和环境相协调，达到刻意修饰后的无意识状态才是化妆的最高境界。

3.手及指甲的修饰。

握手是交际会面时最常见的礼节，所以手及指甲的修饰直接关系到第一印象。指甲应保持整齐干净。男士无论出于任何理由都不能留长指甲；女士相对而言有所自由，但也不能留得过长，指甲颜色也不能过于鲜艳，要考虑场合、身份、服饰等因素。

(二)仪态

仪态又称姿态、体姿。不同的姿态显示出人们不同的精神状态。用积极、优美的行为和举止来表现礼仪更让人感到真实、美好和生动,其作用不亚于有声语言。它不仅反映一个人的外表,也反映一个人的品格、气质与修养。人的相貌是无法选择的,而仪态和风度是可以潜心培养和训练的。

人的形体姿态包括立、坐、行的姿势和手势、面部表情及相应的动作等。仪态风度是一个人修养的外在体现,优雅、大方的举止可以反映一个人优良的职业素质和自信魅力。

1.站姿。

站姿是生活中最基本的举止,是静态造型。站姿的基本要领是:抬头,颈挺直,双目向前平视,下颌微收,嘴微闭,面带笑容,动作平和自然。双肩舒展,气向下压,身体有向上的感觉,自然呼吸;身体挺直,身体重心在两腿中间,防止重心偏移,做到挺胸、收腹、立腰、提臀、收下颌;双臂自然下垂,手指自然弯曲,掌心向内轻触裤缝,或将右手握左手手指放在小腹前,肘部轻靠在髋部,双手在身后交叉也可以;脚掌分开呈"V"字形,或呈"丁"字步站。

男子站立时双脚分开,与肩同宽,微带"八"字,手放在腹前或背后都可以。女子应该站得优雅端庄、秀丽俊美,男子应站得刚毅斯托、舒展大方。不论男女,站姿都切忌缩颈、含胸、驼背、腆肚、撅臀。

2.坐姿。

坐是工作和休息的需要,优雅、端庄的坐姿同站姿一样也能表现一个人的静态美感。良好坐姿的基本要领:面带微笑,双目平视,嘴角微闭,微收下颌;立腰、挺胸、上身自然直立,不要前贴桌面后靠椅背;双肩平放,两臂自然弯曲放在膝上,也可以放在椅子或沙发上;双膝并拢,两腿不要分开,也不可以交叉伸在前或两腿一前一后放置;头颈保持站立时的样子不变。坐着谈话时,上体与两腿应同时转向对方,双目正视说话者。

3.走姿。

走姿是以站姿为基础的动态造型,它产生的是运动之美。走姿的基本要领:从容、平稳、直线。颈要直,双目平视,下颌向内缩,面带微笑;上半身保持正直,以腰部为中心,要带动脚,重心落于足的中央,迈步前进时,腰部后收,两脚平行,膝盖伸直,重心从足中移到足的前部;肩部放松,手指并拢,腰部以上至肩部尽量减少动作,保持平稳;双肩靠近身体随步伐摆动;手指自然弯曲朝向身体。

女性穿裙子时,步伐应较小、轻盈,体现阴柔美;如果穿裤装,可以走得洒脱大步些。男性步伐矫健、稳重、具有阳刚美。无论男女,行走时切忌摇头、晃肩、扭臀、八字脚,不要低头看地、两脚拖地,脚步干净利落,有鲜明的节奏感。身体扭动幅度越大,越显得轻浮。步态是一种微妙的语言,它可以反映出一个人的情绪。

4.蹲姿。

蹲姿一般用在取低位物品时,蹲姿主要有 3 种方式。

(1)半蹲式:这种姿态一般是从地上拾取中低位的物品,如较大的行李箱等。动作要领是走到物品的一侧,上身略弯,臀部向下而不是撅起,物品在哪侧,重心则放在哪条腿上。

(2)高低式:若捡在右边的物品时,左脚在前脚全着地,小腿基本垂直于地面;右脚在后,右脚跟踮起;左膝高,右膝低;右腿靠左小腿内侧;臀部重心向下支撑身体。若物品在左边,动作相反。

(3)交叉式:这是造型优美的姿态,适合穿短裙的女士。下蹲时,一只脚在前,一只脚在后;在前的脚,全脚着地,小腿垂直于地面,在后的脚,脚掌着地,脚跟提起;前腿在上,后腿在下,双腿交叉重叠。

5.手势。

(1)“请”的手势。

“请”是最常用表达尊重对方的手势。五指自然伸直并拢,掌心斜向上方,手掌与地面成45°角,腕关节伸直,手与前臂形成直线,整个手臂略弯曲,弯曲弧度以140°为宜,注意整个手臂不可完全伸直,也不可呈90°的直角。做动作时,应以肘关节为轴,上臂带动前臂,由体侧自下而上将手臂抬起,身体约微前倾,头略往手势方向倒,面向对方,面带微笑,目视来宾。

(2)谈话交流的手势。

在面试交流中,可以采用恰当的手势使你的表达更加富有感染力。使用手势的原则是有序、适当和优雅。一般在胸部至额头范围。手势不能过于频繁,应该五指并拢,切忌用手指点对方。

(3)递接物品的手势。

在与对方递接物品时,一般情况要双手递送或者接取,不方便双手时,可用右手,但不能用左手;如果有特殊情况,譬如双方距离过远,应主动走近递送或者接取;如果是文字图片资料等物品一定要正面向上并朝向对方,方便对方直接看;如果是尖锐物品,尖锐部位不能朝向对方,以防受伤。

6.礼仪距离。

礼仪距离(尊重距离),是有意对长辈、上司保持的一种距离。在与人交谈时,要注意远近恰当,太远了使人感觉不亲近、傲慢,太近了也显得不够庄重。应保持1.5米到3.5米,行走时距前者(或接待者)两三步远。距离是一种尊重,要注意适当距离的保持。

三、表情神态

1.眼神。

懂礼仪、有教养的人会注意控制自己的目光,在不同对象面前表现出不同的意义。在长辈和上级面前,目光应恭敬谦虚;面对晚辈或下级,则应该温和亲切;在朋友面前,目光热情洋溢。目光注视的位置是以对方双眼或双眼为底线,唇心为顶角的倒三角形区域,该区域是用于各种社交场合的一种注视行为。这种注视令人感到舒服、有礼貌,能够营造一种温馨的社交气氛。注视时间也不宜过长,应间断性注视,研究发现,与人交谈时,视线接触对方的时间约占全部谈话时间的30%～60%。

2.微笑。

微笑具有丰富的内涵和巨大的作用。它是自信的表现,是礼貌的表示,是真诚、热情、友好、尊敬、赞美、谅解等的象征。微笑实际上是口、眼、神、情、姿势几方面的“联合行动”。只有口到、眼到、神色到,才能感染和打动人。微笑能强化有声语言的沟通作用,增强交际效果,是脸笑、嘴甜、语美的有机结合,可达到声情并茂、相得益彰的效果。交谈中还可以加上得体的手势,以姿助笑,以笑助姿,会显得更加自然、得体。

四、穿着服饰

莎士比亚说过这样一句话:“一个人的穿着打扮,就是他的教养、品位、地位的真实写照。”我们先天的长相、身高是不能改变的,但我们的穿着服饰却是可以变化的。我们可以通过得体的穿着服饰来弥补先天长相的不足,扬长避短。世界著名心理学家肯利教授做过研究,得出这样一个结论:服装只要运用得当,就是最有利的沟通工具之一,也是最便捷的人际交往“名片”。因此合适得体的穿着有利于帮助人们取得成功。得体穿着强调服饰要与环境相协调,符合年龄特点,与体型、职业、场合等因素相适应。

1.男生着装。

现在很多同学非常反对穿西装,平时主要穿休闲服装,但是在面试求职时穿休闲服装不符合职业人的特点,同时用人单位会觉得你不够严谨。

男同学应该穿西服,系领带。西服要注意选择深色,并且以纯色最佳。花色的西服显得轻松、随意,不适合面试严肃的氛围。领带纯色或者花纹的均可,但要注意领带结的样式。很多同学不会打领带,结果弄得不平整,影响了效果。衬衫是最容易忽视的问题,一般来说正式场合应该穿白色。衬衫的质量也必须引起重视,有些同学外面是很漂亮的西服,里面的衬衫质量较差,衣领有褶皱,整体非常不协调。应注意西服、衬衫和领带保持颜色的协调性。袜子应是深色的,颜色最好是服装和鞋子的过渡色。同时男生要注意修面,保持干净,切忌留胡须。

2.女生着装。

女生的服装要比男生丰富一些,但是也要注意职业特点,体现严肃性,以职业装为主。如果穿套裙,要注意裙子的长度,应该超过膝盖。衬衣应以白色为主,浅色调也可以。鞋子颜色与上身服装保持协调,鞋跟不宜过高。袜子应以黑色、肉色、深灰为主,切忌穿红、黄等艳丽的颜色。

女生可以适当化妆,但应该保持学生素雅、文静的特色。切忌化过浓彩妆,给人低俗妖娆的感觉。可以适当喷洒香水,展示女性独特的魅力。同时也可以佩戴首饰,首饰能起到辅助美化、画龙点睛的作用,但不宜过多。戒指一枚即可,不宜过大;耳环以耳钉最适合,不能戴大耳环;夏天可以戴适合的项链。总之,整体简单、朴实为宜,切忌给人珠光宝气的感觉。

五、语言交流

1.态度平和、真诚、热情,不要偏激。

待人接物要热情,这有助于让礼仪成为我们和招聘者之间的一座桥梁,如果光讲礼仪,不付出热情,礼仪就会变得冷冰冰,不能促进彼此之间的沟通。

人与人之间的思想交流和信息沟通,贵在一个“诚”字。与人交往,交的是心,而坦诚则是心与心之间最好的桥梁。虚情假意,言不由衷,就会出现“话不投机半句多”的尴尬场面。在与人交流时主观色彩不要太浓,言辞也不宜太激烈,要力争做好一个倾听者。

2.语音语调适当。

西方沟通学家把声音称为“交流中最强有力的乐器”。在与人交流时要声音洪亮、饱满,语调抑扬顿挫,语速适中,提高语言的感染力,增强交流的效果。

3.文明用语。

(1)问候语:你好。任何情况下都要主动跟别人打招呼,打完招呼再说话。

(2)请求语:请。比如请稍候、这边请、请坐等。加一个请字就把对人的尊重、友善和个人教养体现出来。

(3)感谢语:谢谢。感谢之心常存是具有人格尊严、做人有教养的体现。应该主动说谢谢,也应当常说谢谢,体现我们的素养。

(4)抱歉语:对不起。如果发生矛盾或不愉快,一定要早说对不起,千万不要和自己过不去。

(5)道别语:再见。

六、日常交往礼仪

现在行业间的竞争越来越激烈,对职场人士素质的要求也越来越高,也许一个小小的礼仪上的疏漏,就会造成关系的疏远、订单的损失、业绩的下滑。高职学生想要在职场中生存和发展,就必须掌握与他人交往时需要注意的各种日常交往礼仪,熟知各种日常礼仪须知,以便处理好各种人际关系,取得进一步发展。

(一)见面礼仪

见面礼仪是日常社交礼仪中最常用与最基础的礼仪,人与人之间的交往都要用到见面礼仪,特别是从事服务行业的人,掌握一些见面礼仪,能给客户留下良好的第一印象,为以后顺利开展工作打下基础。见面礼仪主要包括称呼、介绍、握手行礼、交换名片等。

1.称呼。

称呼是指在日常人际交往中,彼此之间所采用的规范性称谓语。规范性称谓语能恰当地体现出当事人之间的隶属关系。中国是礼仪之邦,对使用称谓十分讲究,要求称呼别人时态度上热情、谦虚有礼,用语上准确、亲切,并做到主动、大方、适当。总之,不同的身份、不同的场合、不同的情况,在使用称谓时要入幽探微、丝毫必辨。

一般来说,规范性称呼应做到四项基本原则:一是遵循常规;二是区分场合;三是入乡随俗;四是注意个人习惯。

常见的称呼方式包括以下几种。

(1)泛称:对社会上各界人士在一般广泛交往中的规范性称谓。如“先生”“小姐”“女士”等。

(2)人称称谓:晚辈对长辈有“您”“您老”尊称;长辈对晚辈一般称呼“你”。

(3)职务性称谓:以交往对象的职务相称,以示尊敬。一般情况下有直接称“职务”“姓+职务”“姓名+职务”这三种情况。

(4)职称性称谓:具有职称者,尤其具有中级、高级职称者,在交往中以职称来称呼更加表示尊敬。

(5)行业性称谓:在交往中,也可以按照行业名称来称呼。如“老师”“警察”“医生”等。

2.介绍。

介绍是人与人进行相互沟通的出发点,是增进了解、建立关系的一种最基本、最常规的方式。介绍最突出的作用就是缩短人与人之间的距离。在社交场合中,如能正确地利用介绍,不仅可以扩大自己的交际圈,广交朋友,而且有助于进行必要的自我展示、自我宣传。一般情况下,介绍可以分为自我介绍和他人介绍。

(1)自我介绍。

自我介绍就是把自己的身份情况介绍给别人。自我介绍要注意三点要求：

一要找准时机，不能在对方非常忙碌的时候进行，对方空闲、情绪好、干扰少时或者对方把眼光投向自己时立即走近，点头微笑，礼貌称呼。

二要内容完整真实，包括本人姓名、供职的单位以及具体部门、担任的职务和所从事的具体工作。内容也要求实事求是，谦虚谨慎，不能夸大其词。若能找出与对方的有关相似处，则更容易拉近关系。

三要把握分寸，做到时间适当、态度真诚、语言简洁明了、语速正常、语音清晰。态度上要友善、亲切、落落大方、彬彬有礼，不能傲慢无礼、矫揉造作，也不能低三下四、阿谀奉承。

(2)他人介绍。

他人介绍是指第三者为彼此不相识的双方引见的介绍方式。一般情况下，他人介绍要注意两点要求：

一是谁来充当介绍人。一般情况下，在社交活动中，是由东道主来充当介绍人；在家庭聚会活动中，一般是由女主人充当介绍人；在公务交往中，一般是由专业对口员、公关部人员或者在场者中的职务最高者。

二是按照尊者为先的介绍顺序。一般情况下，应把身份、地位较为低的一方介绍给相对而言身份、地位较为尊贵的一方。介绍时陈述的时间宜短不宜长，内容宜简不宜繁。同时避免给任何一方厚此薄彼的感觉。

3.握手。

握手是大多数国家见面和离别时相互致意的礼仪。握手既是人们见面相互问候的主要礼仪，还是祝贺、感谢、安慰或相互鼓励的适当表达。

握手也讲究一定的顺序：一般讲究“尊者决定”，即待女士、长辈、已婚者、职位高者伸出手来之后，男士、晚辈、未婚者、职位低者方可伸出手去呼应。若一个人要与许多人握手，那么有礼貌的顺序是：先长辈后晚辈，先主人后客人，先上级后下级，先女士后男士。

握手的力度以不握疼对方的手为限度。握手时，目光注视对方，微笑致意，不可心不在焉、左顾右盼，不可戴帽子和手套与人握手。在正常情况下，握手的时间不宜超过 3 秒，必须站立握手，以示对他人的尊重、礼貌。

4.交换名片。

初次相识，往往要互呈名片。呈名片可在交流前或交流结束、临别之际，可视具体情况而定。递接名片时最好用双手，名片的正面应朝着对方，接过对方的名片后应致谢。一般不要伸手向别人讨名片，必须讨名片时应以请求的口气，如“您方便的话，请给我一张名片，以便日后联系。”

(二)通联礼仪

通联礼仪，是指人们进行通信、联络时所应遵守的基本行为规范。遵守通联礼仪，能维持良好的人际关系。现代常用的联络工具主要有电话、传真、电子邮件等。

1.电话礼仪。

在日常生活中，电话早已成为现代人最重要的、不可缺少的联络工具之一。因此，在接打电话时不注重礼仪，会给对方留下非常不好的印象。

打电话要选择适宜的时间，不要打扰到对方休息；要有礼貌，准确恰当地称呼问好，并自报家门；事先准备谈话内容，简明扼要，主题明确；通话长度遵循三分钟原则，长话短说。

接电话时，及时接听，礼貌问好并自报家门。在工作场合有可能存在代接电话情况，代接电话要求首先要告知对方要找的人不在，然后礼貌询问是否需要转达信息；如对方需要转达，注意准确记录对方身份和转达信息，不可漏传或者误传。

2.传真礼仪。

在日常工作中，经常需要将某些重要的文件、资料、图表即刻送达交至对象手中，传统的邮寄书信联络方式，已难于满足这一方面的要求。因此传真便应运而生，并且迅速成为办公室不可或缺的联络工具之一。

传真礼仪要求首先要会使用，操作上力求标准规范，传真内容要求简明扼要。本人或本单位使用的传真机号码，应准确无误地告之交往对象。一般而言，在名片上，传真号码是必不可少的一项重要内容。

其次准确记住对方的传真号码，向对方发送传真前，必须先向对方通报一下，提醒对方接收。在收到对方传真后，也应第一时间告知对方，以免对方惦念。需要办理转交、转送他人发来的传真时，切记不可拖延时间，耽误要事。

3.电子邮件礼仪。

电子邮件是一种用电子手段提供信息交换的通信方式。随着互联网的广泛运用，电子邮件在人际交往中的作用日益突出。工作往来中的电子邮件不仅代表个人业务水平，更代表公司的形象和实力，直接影响交往对象对公司的评估。因此，电子邮件规范礼仪越来越受到重视。

电子邮件礼仪要求标题简短，不能空白，要能反映正文的内容和重要性；称呼准确恰当，礼貌问好；正文应力求简明扼要，行文通顺；尽量掌握“一个讯息、一个主题”的原则；合理运用图片、表格等形式来辅助阐述；如有附件，应在正文里面提醒对方注意查看，附件数目也不宜过多过大；收到邮件后应立即回复，表示尊重感谢。

（三）馈赠礼仪

馈赠是人们在社交过程中通过赠送给交往对象一些礼物来表达对对方的尊重、祝贺、感谢、慰问等情感与意愿的一种交际行为。馈赠通过礼物作为媒介，能够与交往对象建立很好的沟通渠道，充分表达对对方的情感。所以它不仅是一种行为方式，更为重要的是通过这种方式体现馈赠者的人品和诚意，所以我们要知晓礼物赠送和受赠的礼仪。

置办礼物之前，要清楚赠礼对象的有关情况。如果是赠单位，就应考虑单位的性质、经营项目、经济规模、设施状况等；如果是赠个人，就应摸清被赠者的性格特点、身份地位、民族风俗、身体状况等。还要对赠送礼物的性质和一些与赠礼有关的禁忌有清醒的认识，如中国人忌讳送“钟”“伞”等，做到投好避忌。馈赠时机要把握准确适当，在对方最需要得到的时候赠送才令对方最难忘。送礼还要掌握礼物的效用性，不适用的礼物会让对方感受到你的不用心。

受赠者在接受礼物时要起身相迎、面带微笑，双手接过并说感谢语，充分表达谢意，必要时还应选择适当时机加以还礼。如果馈赠者赠送礼物的目的有可能影响公正执行工作或者不合法，应婉言拒绝。在拒收礼品时，应保持礼貌、从容、自然、友好的态度，先向对方表达感激之情，再向对方详细说明拒收的原因，切不可生硬地阻挡，以免对方难堪。

(四)接访礼仪

在日常生活中,邀请别人来做客或者被邀请去做客是个不可缺少的交际环节。为了能够得体、礼貌地去做客和应酬,并能顺利给对方留下好印象,达到应酬目的,准确掌握一些接访礼仪是高职学生进入职场时必不可少的交际技巧。

1.拜访。

拜访之前应事先和对方约定,并把拜访的主要目的告诉对方。这样既可避免吃闭门羹或成为"不速之客",又可以让对方做好思想准备并有所安排。预约的语言、口气应该是友好、请求、商量式的,而不能是强求命令式的。如果对方答复说,在你选择的时间内他已另有安排或应酬,应主动表示歉意,然后再与对方商讨下次拜访的机会。

拜访时应准时赴约,衣着得体,彬彬有礼。见面后,应主动问候致意,简单寒暄后谈话进入主题,简洁明了说明来意,对方解释回答后,如果问题没得到解决,一定要沉着冷静,不可冲动,避免发生尴尬场面。拜访时间也要适可而止,不能影响对方其他的日程,谈话结束后,主动告辞。不管问题是否解决都要给对方留下稳重得体的好印象。

2.接待。

接待之前要掌握来宾的基本情况和来访目的,做到心中有数。提前打理好会客场所,准备一些接待时所需的物品,如水果、茶水、相关文件资料等。如果是接待一些重要的远道而来的客人,还需要提前安排交通和食宿。

接待时要热情相待,主动迎候。一般情况下应主随客便,要让客人有宾至如归的感觉,各方面要积极主动,考虑周全,关怀备至。送别时,一般情况道别应当由来宾率先提出,主人应加以挽留,客人起身告别时,主人再起身相送,握手告别,主人一定要相送一程。

(五)求职礼仪

随着高等教育的普及,大学生就业竞争日益激烈,大学生除了具备扎实的专业知识,还应该重视和熟知一些求职礼仪,面试官对求职者印象的好坏,直接关系到求职者能否顺利踏入社会,找到一份合适满意的工作。为此,高职学生在求职前的准备和面试时的礼仪应该注意以下一些问题。

1.求职准备。

首先,充分了解求职单位。面试前应对求职单位有个初步的了解,掌握详尽的单位情况,譬如企业历史、企业规模、企业领导人等信息,做到"知己知彼,百战不殆"。

其次,制作适合自己的求职简历。简历就是对个人学历、经历、特长、爱好及其他有关情况所做的简明扼要的书面介绍。求职学生一定要根据自身实际情况制作一份有特色的简历。最基本的要求就是客观真实,不能夸大其词;还要求有的放矢,充分展现个人优势;内容简明扼要,一目了然。

最后,仪容朴素整洁。注意做好身体各部位的清洁,发型自然大方,女生最好化淡妆,体现出精神干练的职业形象。服装要求大方得体,搭配协调。男生的最佳面试服装是西装,表现出简单、稳重的形象;女生的最佳服装是职业化套装,表现出干练、成熟的形象;如果针对艺术、广告类行业,可以根据行业特色穿着。

2.面试礼仪。

求职者应准时赴约,以示尊重礼貌;等待面试时应耐心安静。面试时,首先敲门入室，礼貌问好，面试官示意入座后方可入座，注意保持优美的站姿和坐姿，自然放松，面带微笑，给人端庄大方的形象。交谈过程中，面部表情从容自然，不能严肃僵硬，以免造成缺乏自信的印象；目光真诚有神，动作举止自然大方，有条不紊，适当加入自然的手势；语言上注意用语礼貌，讲究语言艺术性；要求用普通话对答，发音清晰，音量适中，语调自然，语速适宜；说话时态度诚恳谦逊，用心倾听，不能随意插话；谈话内容上把握重点，简洁明了地阐述观点。面试结束时，站起来，眼睛平视面试官，面带微笑，礼貌道别，离开房间时轻轻关上门。

第四节　自我管理

近几年，大学毕业生的就业已经成为比较重要的社会问题，同时也是一个难题。各高职院校已把就业率作为考察学校教育效果的一大指标，就业率的高低直接影响到学校的声誉，也影响到学校的招生及培养计划。另一方面，从社会的角度来看，很多企业又在叹息“招不到合适的员工”。诸多事实表明，这种现象的存在与高职学生的职业素养难以满足企业的要求有关。“满足社会需要”是高等职业教育目的之一，既然社会需要具有较高职业素养的高职毕业生，那么，高职院校教育应该把培养学生的职业素养作为其重要目标之一。良好的职业素养是个人事业成功的基础，是大学生进入企业的“金钥匙”。

高职学生初次远离家人，独自面对陌生的生活环境、学习环境、学业压力、情感危机、就业压力、生存挑战、人际困惑等问题，他们将如何设计自己的职业生涯，如何科学地发展和完善自己的知识结构、提高职业能力，以便成为社会需要的人才，这些成为高职学生学习的关键。企业追求管理出效益，同样，大学生涯也需要科学的管理，制订恰当的计划，严格要求自己，在校学习期间应该学会自我培养、自我管理，实现自己的最大价值。美国心理学家阿尔伯特说：“人有主动作用，能自治本身，自己管理”。自我管理水平的高低是影响个体社会适应效果和活动绩效及心理健康状况的重要因素。事实也多次证明：历史上那些极成功的人——拿破仑、达·芬奇、莫扎特，一直进行自我管理，在很大程度上，也正是自我管理使他们成为伟大的成功者。

高职学生自我管理，是在适应学校主环境的条件下充分发掘自身、学校及社会环境的各种资源，并加以充分利用，最大限度地实现把自己培养成为适应社会发展需要和满足个人需求的优秀高端技能型人才的目标。有效的自我管理，能够促进个人成长，业务拓展，还能帮助我们提高学习、工作效率，早日达成目标，实现梦想。本节将高职学生自我管理分为健康管理、目标行为管理、时间管理、工作—学习平衡管理四个方面。

一、健康管理

伴随着人类前进的脚步，健康已成为全人类共同关注的话题，人们越来越深刻地认识到：健康是第一财富，健康是实现理想的基础。高等学校是培养人才的基地，大学生是祖国未来的栋梁，是实现祖国现代化的建设人才，他们的健康水平直接关系到我国的社会发展和民族兴衰。对健康进行管理是大学生自我管理的一项基本的、重要的管理。身体健康是一个人最基本的学习、工作等的物质基础。没有健康，所有的一切都是形同虚设。健康固然不能完全取决于大学生自身主观愿望，但在现实条件下对自身的健康进行管理却可以有效地促进大学生的健康水平。比如,有规律的生活习惯、良好的学习习惯、有规律地进行体育锻炼都可以增强体质,提高健康水平。

1989 年,世界卫生组织(WHO)对健康的定义是:健康不仅是没有疾病,而且还包括躯体健康、心理健康、社会适应和道德健康四个方面。世界卫生组织给健康提出了十条标准:有足够充沛的精力,能从容不迫地应付日常生活和工作的压力;处事乐观,态度积极,乐于承担责任,不挑剔事务的巨细;善于休息,睡眠良好;应变力强,能适应环境的各种变化;能够抵抗一般性感冒和传染病;体重得当,身体均匀,站立时,头、肩、臂位置协调;眼睛明亮,反应敏锐,眼睑不发炎;牙齿清洁,无空洞,无痛感,牙龈颜色正常,无出血现象;头发有光泽,无头皮屑;肌肉、皮肤有弹性,走路感到轻松。

在职场的道路上,充满了各种艰辛和磨难,它既是对人的心理素质的一种磨炼,又是对人的生理素质的一种考验。只有那些有着超强的体质和精力,能够在极其艰苦的条件下保持乐观心态顽强工作的人才能取得最后的成功。

1.锻炼身体,强健体魄,为职场竞争打下坚实的基础。

2000 年、2005 年和 2010 年教育部三次对全国学生体质与健康进行调研,结果显示:学生的心肺功能一直呈下滑趋势,体重超重或肥胖学生的比例逐年增加,2010 年,城市青少年中的超重及肥胖男生已接近 1/4,19～22 岁大学生的视力不良率达到 84.72%(其中城市为 84.14%,农村为 85.30%),比 2005 年增加 2.04 个百分点,学生的耐力素质、柔韧素质、速度、爆发力、力量耐力等不断下降,学生的体质健康状况一直是令人担忧的问题。另来自上海 33 所高校的抽样调查显示,主动参与体育锻炼的学生人数仅为 18.5%。不少学生认为自己运动能力差;一部分学生喜欢上网,迷恋网络游戏、聊天交友和一些不健康的网站,长时间坐在电脑前,把课外时间都献给电脑,电脑代替运动,这也是导致视力下降和体质下降的原因之一;还有一部分学生弃掉那种“今天睡,明天起”的休息模式,加入“今天睡,今天起”的模式当中,生活无规律,这是导致肥胖、体质下降的又一原因;也有一部分学生在读书期间搞公司、搞创业,没有时间、没有精力进行锻炼。大学生运动会期间,常听见各高校的体育教师感慨:美国大学生每周要进行 12 个小时以上的课外体育锻炼,80%的人参加了各类体育俱乐部;而我们的大学生呢,做广播操得请老师点名监督,组织运动会得摊派名额。

一些同学害怕上体育课,锻炼越来越少。大学生中出现贫血、缺钙等问题也日趋严重。身体素质低下导致学生上课打瞌睡,记忆力下降,容易生病,严重影响学习效果。这种状况,怎么能够适应以后的职场竞争呢?当然,高校学生加强体育锻炼,增强体质,不仅是学生自身的事情,也需要学校和社会的关注,为其未来职业发展奠定基础。

(1)树立正确的健康观,营造全社会关心体育的氛围。国家教育部门、体育部门、卫生部门等相关部门应高度重视大学生体质健康水平的提高。良好的舆论环境是必需的,应通过多种媒体大力宣传和普及科学的教育观、人才观和健康观,向大学生灌输正确的营养健康知识,营造全社会关心体育的氛围,提高大学生的思想认识,树立正确的健康观,使其真正明白健康的重要性,知识重要,健康更重要。

(2)加强学校体育场馆建设,加大体育设施的投入。由于诸多原因,很大一部分学校现有的体育场地已经不能满足学生广泛开展体育活动的需要。活动场地小及器材的不足,成了许多学生不参加体育活动的原因之一。或许有场地和器材,但是很多人在一起活动,也容易发生安全事故,从而打消了学生参加体育锻炼的热情。因此,应改善学校教学和学生锻炼的环境，加大体育经费的投入，创造更多更大的环境，让更多的学生真正参与体育活动，锻炼身体，强健体魄。

(3)提高体育教师的业务水平，优化体育课教育模式和评价机制，激发学生体育锻炼的热情。不管哪个专业的老师，都需要不断学习、不断提高，体育教师也不例外。提高教师的业务水平，学生的兴趣也会提高，热情也会高涨。作为老师要充分展示自己的才华，不断改进优化教课模式，提高每一节课的质量，确确实实让学生参与锻炼。

(4)每天保证锻炼时间不低于1小时。在大学期间，尤其是大一期间，每周会安排两节体育课。有些学生连这两节课也想逃避，不想上课，不想锻炼。2007年5月7日中共中央、国务院印发《关于加强青少年体育增强青少年体质的意见》(中发〔2007〕7号，简称中央7号文件)并规定："如无体育课，学校必须在当天下午组织学生进行1小时的集体锻炼，并将其列入教学计划。"要想保证每天至少1小时的体育锻炼，需要学生的积极参与、学校的严格要求、时时监督、严格考核，把学生从学习中解放出来，走向课外，参加课外活动，锻炼身体，让学生真正感受到体育的乐趣和身体的价值。

2.培养阳光心态，正确面对生活中的潮起潮落。

一个人的身体健康固然重要，但心理健康也不容忽视，这就需要我们学会培养阳光心态，并时时保持这种心态，正确面对生活中的潮起潮落。所谓阳光心态是指一个人乐观地看待生活中的事情，懂得平衡自己的心情，充分利用现有资源，做力所能及的事情，始终保持良好心态。好心情才能欣赏好风光，好花要有好心情赏。你的内心如果是一团火，才能释放出光和热；你的内心如果是一块冰，哪怕是化了也还是零度；你的内心如果充满热量，才能释放热量。心态不仅影响个人、家庭，还会影响团队、组织以及社会。良好的心态使人成功，错误的心态会毁灭自己。心态决定着一个人的命运。当一个人的心态变好了，他的世界就会充满色彩。

心态具有多大力量呢？清华大学教授吴维学在他的塑造阳光心态演讲中提到了"九个人做实验"。教授说："你们九个人听我的指挥，走过这个曲曲弯弯的小桥，千万别掉下去，不过掉下去也没关系，底下就是一点水。"九个人听明白了，呼呼啦啦都走过去了。走过去后，教授打开了一盏黄灯，透过黄灯九个人看到，桥底下不仅仅是一点水，而且还有几条在蠕动的鳄鱼。九个人吓了一跳，庆幸刚才没掉下去。教授问："现在你们谁敢走回来?"没人敢走了。教授说："你们要用心理暗示，想象自己走在坚固的铁桥上。"诱导了半天，终于有三个人站起来，愿意尝试一下。第一个人颤颤巍巍，走的时间多花了一倍；第二个人哆哆嗦嗦，走了一半再也坚持不住了，吓得趴在桥上；第三个人才走了三步就吓趴下了。教授这时打开了所有的灯，大家这才发现，在桥和鳄鱼之间还有一层网，网是黄色的，刚才在黄灯下看不清楚。大家现在不怕了，说："要知道有网我们早就过去了。"几个人呼呼啦啦都走过来了。只有一个人不敢走，教授问他："你怎么回事?"这个人说："我担心网不结实。"这个故事告诉我们，一个人的心态会影响他的个人能力，内心对事物充满恐惧的人，他做事的能力也会减弱。他又讲了另外一个故事，说有一个教授做了一个更加残忍的试验，他把一个死囚关在屋子里，蒙上死囚的眼睛，对死囚说："我们准备换一种方式让你死，我们将把你的血管割开，让你的血滴尽而死。"之后教授打开了水龙头，让死囚听到滴水声，教授说："这就是你的血在滴的声音。"第二天早上打开房门，死囚死了，脸色惨白，一副血滴尽、缺血的模样，其实他的血一滴也没有滴出来，他是被吓死的。这个故事告诉我们心态是可以影响人的生理健康的。所以一个人心态好，就能生理健康，个人能力也会增强；心情不好，健康差，能力也会减弱。心态就具有这么大的力量，从里到外影响着每一个人。因为人的心境具有两极性，好的心情使你产生向上的力量，使你喜悦、生气勃勃、沉着、冷静，缔造和谐；差的心情使你产生消极的情绪，使你忧愁、悲观、失望、萎靡不振，甚至颓废。如果你的心情不好，就会跟别人发脾气，不愿意配合别人的工作，人际关系就会紧张。如果一个领导心情经常不好，这种不好情绪就会像羊群中的瘟疫一样在组织中传染，导致团体人际关系紧张。

心态如此重要，那么如何塑造一个阳光心态呢？培养阳关心态可以从以下三个方面努力。

(1)包容别人，减少人际关系障碍。

有些人对别人言行特别在意，只要不符合自己的价值标准就妄自评价，结果只会引起更大的误会。这不仅伤害了别人，也影响自己的情绪。只有保持宽容之心，尊重他人，我们才会得到别人的理解。这样你的生活中总会充满善意，你与周围的人才能和谐相处。要学会忘记、谅解、宽容。不原谅就等于给了别人持续伤害你的机会。

(2)享受过程，正确看待结果。

中国儒家思想主张中庸思想，为人处世，不要过分，也不要不及，过分与不及，都是偏离目标，不能中的。中庸是儒家心目中的最高境界。在这个浮躁的时代，我们不妨从传统文化中吸取精华，正确地调节自己的心态，这对于我们事业发展大有裨益。

享受过程，精彩每一天。生命是一个过程不是一个结果，生命是一个括号，左边括号是出生，右边括号是死亡，我们要做的事情就是填括号。有一个年轻人看破红尘了，每天啥也不干，懒洋洋地坐在树底下晒太阳，有一个智者问："年轻人，这么大好的时光，你怎么不去赚钱?"年轻人说："没意思，赚了钱还得花没。"智者问："你怎么不结婚?"年轻人说："没劲，弄不好还得离婚。"智者说："你怎么不交朋友?"年轻人说："没意思，交了朋友弄不好会反目成仇。"智者给年轻人一根绳子说："干脆你上吊吧，反正也得死，还不如现在死了算了。"年轻人说："我不想死。"智者说："生命是一个过程，不是一个结果。"年轻人幡然醒悟，这就叫一句话点醒梦中人。

生命的体验在于过程，当等到结果时，生命已经失去了魅力。那么怎么享受生命这个过程呢？那就是把注意力放在积极的事情上，做好每一件事情，不要过多地计较这件事情会给你带来多少报酬。大学的学习是一种体验，通过体验，你才会有所收获，辨别真伪。把大学几年做一个长远的规划，心态平和地朝着自己的目标前进，每天才会过得充实和快乐。

(3)改变自己的态度，适应环境。

我们改变不了事情就改变对这个事情的态度，事情本身不重要，重要的是人对这个事情的态度。态度变了，事情就变了，一个人改变了对事物的看法，事物就会改变。有一位女士长得很漂亮，经过漫长的选择终于和一位男士结婚了，没想到两年后她被男士抛弃了，更不幸的是孩子也死了。女士万念俱灰，准备自杀。她选择了跳海，就上了一个老头的船，船开到大海中，她准备跳下去。这个老头应该怎么和这位女士沟通，女士才能不跳海呢？有人是这样回答的，老头说："你看我行不行啊？我还没老伴呢。"这样说女士一定跳下去。老头也可以这样说："姑娘，两年前你是啥样子?"女士自豪地说："两年前我是单身贵族，追求我的人很多，我既没有先生的拖累，又没有孩子的烦恼。现在悲惨了,我既没先生,又没孩子。”老头说:“这两者不是一样的吗? 两年前你没有先生,现在你也没有先生;两年前你没有孩子,现在你也没有孩子,你和两年前一样漂亮,有啥想不开的? 从头再来。”老头的话把女士给逗乐了,女士不想跳海了,从头再来,就当啥事也没发生。改变了态度就有了激情,有了激情就有了奋发向上的斗志,结果就会发生变化。

有一个经典案例是这样说的,一个小孩和一个水手聊天,小孩问水手:“大海那么恐怖,你怎么敢到海上去呢?”水手说:“大海也有很美丽的时候。”小孩问:“你爷爷死在哪儿?”水手说:“我爷爷死在海上。”小孩问:“你父亲死在哪儿?”水手说:“我父亲也死在海上。”小孩接着说:“那你怎么还敢到海上去呢?”水手反问小孩:“你爷爷在哪儿死的?”小孩说:“我爷爷是在床上死的。”水手问:“你父亲在哪儿死的?”小孩说:“我父亲也是在床上死的。”水手问:“那你怎么还敢到床上去呢?”别人掉到海里你不一定掉到海里,别人出问题你不一定出问题。奋起就会克服困难,结果就会发生变化。内心愁苦命运也将愁苦,心态决定命运。

再讲一个中国的经典案例,古时候有甲、乙两个秀才去赶考,路上遇到了一口棺材。甲说:“真倒霉,碰上了棺材,这次考试死定了。”乙说:“棺材,升官发财,看来我的运气来了,这次一定能考上。”当他们答题的时候,两人的努力程度就不一样了,结果乙考上了。回家以后他们都跟自己的夫人说:“那口棺材可真灵啊。”心态影响人的能力,能力影响人的命运。生命的质量取决于你每天的心态,如果你能保证眼下心情好,你就能保证今天一天心情好,如果你能保证每天心情好,你就会获得很好的生命质量,体验别人体验不到的靓丽的生活。

有些同学进入学校后,发现理想和现实差距太大,学校氛围、所学专业均非自己所愿。当环境不能改变时,唯一能做的就是改变自己的态度,尝试着去适应新的生活。在自己不喜欢的事情上也能发现闪光点,就能找到生活的乐趣。

二、目标行为管理

哈佛大学曾有一个非常著名的追踪调查。他们在一群学历、智力、环境条件差不多的年轻人中调查发现:有27%的人,没有目标;60%的人,目标模糊;10%的人,有清晰但比较短期的目标;3%的人,有清晰且长期的目标。25年后,经跟踪调查发现,3%有清晰且长期的目标的人,25年来没有改变自己的人生目标,最后成为社会各界的顶尖成功人士;10%有清晰但比较短期的目标的人,大都生活在社会的中上层,其短期目标不断达成,生活状态稳步上升,成为各行业不可或缺的专业人士,如医生、律师、高级工程师等;60%目标模糊的人,生活在社会的中下层,能安稳地工作和生活,但没有大的成就;27%没有目标的人,生活在社会的最底层,生活不如意,常常失业,并抱怨他人和社会。

目标对于人生有巨大的导向作用。有了目标,人才会坚定、勤勉、不畏艰险;有了目标,人才会促使自己不断努力实践;有了目标,人的生命才能在有限的时空里,最大限度地释放能量。目标是通往成功的导航。大学生在自我管理的过程中,也必须充分重视目标管理的重要性,切实有效地制订目标、实践目标,直至到达成功的彼岸。目标管理并不是单纯制订一个目标,而是指根据自己的职业性质、专业优势和职业发展前景,制订符合自己实际情况的职业阶梯目标,并在执行过程中进行适当调整,满足实现目标的过程。

在企业经营中，企业把战略分解成一系列可以实现的目标，目标管理成为衡量企业生态的重要工具。同样，人生发展也需要科学严谨的目标管理。大学生可以从以下五个方面对自己的大学生活进行目标管理。

1.认识目标管理的本质。

“凡事预则立，不预则废”，这是古人讲的做事要有计划，在这种辩证的思维中，应该蕴涵着更深层次的东西，就是目标。计划要根据目标而制订，目标是计划的最终服务对象，一个个目标的实现就是发展，而发展的结果又推动更高目标的制订。而目标管理(简称 MBO)，是由管理大师彼得·德鲁克提出的，所谓目标管理就是以目标为导向，以人为中心，以成果为标准，而使组织和个人取得最佳成绩的现代管理方法。大学的教育本质是培养大学生的自学能力，使其具备独立思考的知识分子人格。大学生进入大学后的最大目标是把自己培养成社会需要的人，能够适应社会的人，养成良好的学习习惯，掌握认识事物的方法。有些同学不明白大学的学习本质，时时抱怨课程太少，老师管得太少，缺乏自学能力，不能有效地从图书馆和网络中获取自己需要的知识。大学生目标管理是指，大学生本人根据我国现阶段大学培养的总体目标及不同学校不同专业培养目标的具体要求，结合大学生个体情况，制订并落实自己在大学期间学业、职业、人生发展目标规划与实施方法，及其在规划、实施过程中伴随的大学生自我能力、素质各方面提升的过程。

2.确定职业目标。

确定职业目标要以职业定位为依据，按照目标的诸多原则如明确性、可测量性、阶段性、持续性、适应性、可实现性、发展性及挑战性等，采用将目标分解的方法进行。尺有所短，寸有所长。每个人都有自己的优势和劣势。因此，在制订目标之前，要充分认识自我，分析自身的长处和短处，给予自己准确的定位，客观地评估个人在各方面的潜能。我们大学生一定要记住：切莫随波逐流。古罗马小塞涅卡说：“有些人活着没有任何目标，他们在世间行走，就像河中的一棵小草，他们不是行走，而是随波逐流。”这些人不能明确自己前进的方向及动因，他们只会随大流、绕圈子、空耗时间，终其一生，有些也曾上演了一幕幕“悲剧”。刘易斯·卡罗尔的《爱丽丝漫游奇境记》中有这样一段对话：

“请你告诉我，我该走哪条路?”

“那要看你想去哪里?”猫说。

“去哪儿无所谓。”爱丽丝说。

“那么走哪条路也就无所谓了。”猫说。

这个故事讲的是人要有明确的目标，当一个人没有明确的目标的时候，自己不知道该怎么做，别人也无法帮到你！想要天助，先要自助。当自己没有清晰的目标方向的时候，别人说得再好也是别人的观点，不能转化成自己的有效行动。要确定自己的职业目标首先要进行职业倾向分析，找到自己最擅长做的，然后结合大学的专业发展趋势和职业前景制订大学三年的职业目标。

3.分解层级目标。

一般来讲，按规划的时间跨度可将职业目标分解为：长期职业目标、中期职业目标和短期职业目标。“我要成为一名高校的计算机网络专业教授”是长期职业目标，“我打算专科毕业后继续攻读本专业本科”是中期职业目标，“本学年我要通过计算机二级考试”是短期目标。

(1)长期职业目标通常指职业生涯的顶点，它要求我们按照职业定位，放眼未来，挖掘自己内心深处渴望并愿意奋力追求的东西，预测自己在职业生涯中可取得的最高成就。

(2)中期职业目标通常是指规划期限在五年左右，由各个短期职业目标组成，又为实现长期职业目标打下基础的阶段性目标。中期职业目标要指向长期职业目标，并有比较具体的完成时间，也可以做适当的调整。

(3)短期职业目标通常指规划期限在一到两年左右的，是一些具体的、操作层面的、指向中期职业目标的阶段性目标。短期职业目标要切合实际，有具体的完成时间，通常以获得相关证书或通过有关考试等为标志。为实现中期职业目标而制订的各个短期职业目标，可按时间先后分阶段列出。同一阶段的短期职业目标，不宜制订得过多，选择主要的一两个较为适宜。

山田本一是日本著名的马拉松运动员。他曾在 1984 年和 1987 年的国际马拉松比赛中两次夺得世界冠军。记者问他凭什么取得如此惊人的成绩，山田本一总是回答："凭智慧战胜对手！"

众所周知，马拉松比赛主要是运动员体力和耐力的较量，爆发力、速度和技巧都还在其次。因此对山田本一的回答，许多人觉得他是在故弄玄虚。

10 年之后，这个谜底被揭开了。山田本一在自传中这样写道："每次比赛之前，我都要乘车把比赛的路线仔细地看一遍，并把沿途比较醒目的标志画下来，比如第一标志是银行；第二标志是一个古怪的大树；第三标志是一座高楼……这样一直画到赛程的结束。比赛开始后，我就以百米的速度奋力地向第一个目标冲去，到达第一个目标后，我又以同样的速度向第二个目标冲去。40 多公里的赛程，被我分解成几个小目标，跑起来就轻松多了。开始我把我的目标定在终点线的旗帜上，结果当我跑到十几公里的时候就疲惫不堪了，因为我被前面那段遥远的路吓到了。"

这名马拉松运动员的故事告诉我们，目标是需要分解的，一个人制订目标的时候，要有最终目标，比如成为世界冠军，更要有明确的绩效目标，比如在某个时间内成绩提高多少。

最终目标是宏大的、引领方向的目标，而绩效目标就是一个具体的、有明确衡量标准的目标，比如在四个月内把跑步成绩提高 1 秒，这就是目标分解，绩效目标可以进一步分解，比如在第一个月内提高 0.03 秒等。

当目标被清晰地分解了，目标的激励作用就显现了，当我们实现了一个目标的时候，我们就及时地得到了一个正面激励，这对于培养我们挑战目标的信心的作用是非常巨大的！

职业目标从短期到中期，再到长期，如同台阶一样，需要一步步地发展。值得注意的就是在实际操作中，时间跨度太长的目标由于环境和个人自身的变化往往难以把握，而时间跨度太短的规划意义又不大。所以，人们一般把目标定在中期职业目标上，这样既便于根据实际情况设定可行目标，又便于随时根据现实的反馈进行修正或调整。对于职业院校的学生来讲，我们可以制订出长期职业目标，但不建议对长期目标进行详细的分解。重点应该放在中期职业目标上，并将其细分为各个阶段的短期职业目标，使职业目标成为自己可以操作的程序。

4.目标行动一致性。

对于大学生来说，仅仅制订目标是不够的。同样都是具有目标的人，有人成功了，有人却失败了。因此,在为实现目标的奋斗过程中,一定要专注目标,并且善于思考,持之以恒。

专注就是把意识集中在某个特定的目标上的行为,并要持之以恒,找出实现目标的方法,而且成功地将之付诸实际行动。或许某些大学生并没有意识到专注的力量,但专注的力量是无穷的。同时,在实践目标的过程中要善于思考,想成就大事,就必须学会思考,在思考中不断创新,逐步实现自己的目标。并要对照目标与行动的内容,必须坚持目标内容与行动内容的一致性,避免行动偏离目标方向。

5.反馈与修正。

随着环境和自己的情况发生了变化,有些变化是无法预测的,原来的职业目标可能无法实现,这时就需要与时俱进,灵活调整,不断修正,主动适应各种变化,必要时要善于调整目标,制订更加科学合理的目标。特别要注意的是,调整职业目标应当在同一方向上,而且也不要轻易调整职业目标。

三、时间管理

古人云:“一寸光阴一寸金,寸金难买寸光阴。”对于生命来说,时间是无情的,如果说空间总是那么不公正,那么,时间总是相当公正的。无论你是腰缠万贯的商人还是穷困潦倒的乞丐,无论你是勤奋刻苦的智者还是好吃懒做的庸人,每天二十四小时,对于每个人都是一样的,没有任何差别。所不同的是:在相同的时间里,每个人创造的价值、存在的意义是不一样的。高职学生拥有更多自由支配的时间,正确地把握时间,对高职学生在校的学习生活及未来的发展都是十分重要的。因此,如何在有限的时间内创造出更多的价值,是高职学生在自我管理中应当认真思考的。这里,重点强调的是:高职学生要合理地利用时间,有效地使用时间。在这个高效的社会,我们必须注意时间的投入与产出,做到价值最大化。大学是职场的前奏曲,合理地利用和安排时间成了能否实现职业目标的关键。下面是做好时间管理的几点建议。

1.做好在校三年总体计划。

通过老师和高年级同学,提前了解在校三年每学年和每学期具体的教学任务和教学进度,这样可保证自己在制订计划时不与学校的教学秩序相冲突。

2.分清“重要”和“紧急”的事情。

生活中的事情一般存在四种情况:重要且紧急、重要不紧急、紧急不重要、不重要且不紧急。首先要做的是“重要且紧急”的事情,然后做“紧急不重要”的事情,再次做“重要不紧急”的事情,一般不做“不重要且不紧急”的事情。

3.合理地利用时间。

无论做什么事情,在时间的选择上都有一个最佳点。把本应该昨天做的事情放到今天来做是失时,失时的后果往往是坐失良机。高职学生应合理地利用时间,大学课程安排比较灵活,高职学生在时间管理上,首先,应该合理地安排好作息时间。调查显示:人在早晨五点和晚上九点左右记忆力相对较好,学生可以根据人的生理规律及个人的实际情况安排适合自己的学习时间,这样不仅有助于身体健康,而且能够大大提高学习效率。其次,就是要安排好学习与参加活动的时间比例。大学生活是丰富多彩的,除了学习任务外,学校里开展了各种形式的活动来促进学生的全面发展。高职学生应该在管理好自己学习的基础上,依据个人的兴趣爱好参加课外活动,合理地利用时间，促进自身的发展。还要学会抓住“零碎”时间，有些同学总认为学习需要某个环境，却忽视了身边很多可以利用的“零碎”时间。每天清晨起床时可以背几个外语单词，去教室的路上可以听外语磁带，中途下课可以阅读时事新闻，中午午休前可以阅读一些课外书籍，晚上睡觉前可以回忆整理一天学习的内容，思考知识之间的联系等。

4.有效地使用时间。

高职学生应该有效地使用时间，做好手边的事。著名哲学家汤姆斯·卡莱里曾说过：“最重要的就是不要去看远方模糊的，而要做手边最具体的事情。”的确，一个人无论有多么远大的理想，都需要一步步实现；无论多么浩大的工程，都要一砖一瓦垒起来。高职学生应该充分重视并做好手边的事情。或许有的同学立下了成为精英的壮志，或许有的同学想在管理界大展宏图，不管怎样，在大学这段积累知识、培养能力的关键时期，为最终理想的实现，必须做好手边最具体的事情。读书、看报、参与活动，这些看似小事，但是，每一件都正是理想大厦的一砖一瓦。并且，我们还要学会合理利用寒假和暑假，寒假和暑假时间加起来近 3 个月，如果大学生能够充分地利用，积极参加社会实践，制订读书计划，可以提升自身能力，完善知识结构，丰富人生阅历。

四、工作—学习平衡管理

高职学生的生活主要由学习和工作两大部分组成，有些同学对学习和工作二者关系认识不清楚，影响了自身全面发展。校园里有两种观点：一种是唯学习论，认为大学里最重要的是学习好，成绩优异，获得奖学金，毕业以后找好工作，参加学生社团组织活动是浪费时间。另一种是唯工作论，这些同学热衷于学生工作，每天“日理万机”，学习追求“60 分”万岁，甚至逃课参加学生会、社团活动。

我们也清楚地认识到，工作和学习二者在时间上有时是矛盾的，用于工作的时间多了，学习时间就少了，但是二者又是统一的。大学生活中，虽然自由支配的时间相对较多，但是要真正掌握一门专业知识或技能，还是需要花很多的时间和精力的。可见，无论如何，工作会占用不少学习时间或者是休息时间。因此，如果现在大学期间从事一些学生工作，就要做好牺牲一部分学习时间的心理准备。大学不仅仅是一个学习的场所，而且是一个完善自我的练兵场。如果三年的时间还是像高中一样用于学习，那上大学就失去了很多本该存在的意义。

另一方面，学习和工作又有同一性。学习是为了更好地工作，同时学生又在工作中学习。学生应把专业学习和学生工作都当作一个学习的过程，都要用心去做。学习的时候不要想着工作，工作的时候也不要怕浪费时间。把二者的效率提高了，就会发现学习和工作是可以协调的，甚至是可以相互促进的。学生干部的社会工作本身就是一个学习锻炼的过程，是分析问题、解决问题、能力提高的过程，有利于调整自己的知识结构，求得良好的学习方法，促进自身专业知识的学习。学习是储存和积累，可以奠定一个人未来职业发展的“功底”，而工作与实践是运用知识、创新思想、解决实际问题的平台。

再次，要学会分清工作和学习的主次性。作为一名学生，应当把学习放在首位，学习第一，工作第二。在不影响学习的情况下，利用自己的课余时间去工作。工作和学习的矛盾集中表现在时间的支配上，其解决的办法就是科学地安排时间，在讲求效益上下功夫。这样的话，学习和工作相得益彰，两全其美，平衡发展，不偏不废。

第五章　企业对高职学生职业素质的要求

第一节　企业文化与高职学生

一、企业文化的内涵

企业文化，或称组织文化(Corporate Culture 或 Organizational Culture)，是一个组织由其价值观、信念、仪式、符号、处事方式等组成的特有的文化形象。

广义上说，文化是人类社会历史实践过程中所创造的物质财富与精神财富的总和；狭义上说，文化是社会的意识形态以及与之相适应的组织机构与制度。而企业文化则是企业在生产经营实践中，逐步形成的，为全体员工所认同并遵守的，带有本组织特点的使命、愿景、宗旨、精神、价值观和经营理念，以及这些理念在生产经营实践、管理制度、员工行为方式与企业对外形象的体现的总和。

企业文化是企业的灵魂，是推动企业发展的不竭动力。它包含着非常丰富的内容，其核心是企业的精神和价值观。它的价值观包括企业管理中的各种文化现象和其员工在从事商品生产与经营中所持的价值观。

企业文化有广义和狭义两种理解。广义的企业文化是指企业所创造的具有自身特点的物质文化和精神文化；狭义的企业文化是企业所形成的具有自身个性的经营宗旨、价值观念和道德行为准则的综合。企业文化是社会文化体系中一个重要的有机组成部分，它是民族文化和现代意识在企业内部的综合反映和表现，是在民族文化和现代意识影响下形成的具有企业特点和群体意识以及这种意识产生的行为规范。

二、企业文化的内容

根据企业文化的定义，其内容是十分广泛的，但其中最主要的应包括如下几点：

1.经营哲学。经营哲学也称企业哲学，源于社会人文经济心理学的创新运用，是一个企业特有的从事生产经营和管理活动的方法论原则。它是指导企业行为的基础。一个企业在激烈的市场竞争环境中，面临着各种矛盾和多种选择，这就要求企业有一个科学的方法论来指导，有一套逻辑思维的程序来决定自己的行为，这就是经营哲学。例如，日本松下公司“讲求经济效益，重视生存的意志，事事谋求生存和发展”，这就是它的战略决策哲学。

2.价值观念。所谓价值观念，是人们基于某种功利性或道义性的追求而对人们(个人、组织)本身的存在、行为和行为结果进行评价的基本观点。可以说，人生就是为了价值的追求，价值观念决定着人生追求行为。价值观不是人们在一时一事上的体现，而是在长期实践活动中形成的关于价值的观念体系。企业的价值观，是指企业职工对企业存在的意义、经营目的、经营宗旨的价值评价和为之追求的整体化、个异化的群体意识，是企业全体职工共同的价值准则。只有在共同的价值准则基础上才能产生企业正确的价值目标。有了正确的价值目标才会有奋力追求价值目标的行为，企业才有希望。因此，企业价值观决定着职工行为的取向，关系着企业的生死存亡。

3.企业精神。企业精神是指企业基于自身特定的性质、任务、宗旨、时代要求和发展方向，并经过精心培养而形成的企业成员群体的精神风貌。企业精神要通过企业全体职工有意识的实践活动体现出来。因此，它又是企业职工观念意识和进取心理的外化。企业精神是企业文化的核心，在整个企业文化中处于支配的地位。企业精神以价值观念为基础，以价值目标为动力，对企业经营哲学、管理制度、道德风尚、团体意识和企业形象起着决定性的作用。可以说，企业精神是企业的灵魂。

企业精神通常用一些既富于哲理，又简洁明快的语言予以表达，便于职工铭记在心，时刻用于激励自己；也便于对外宣传，容易在人们脑海里形成印象，从而在社会上形成个性鲜明的企业形象。如北京王府井百货大楼的“一团火”精神，就是用大楼人的光和热去照亮、温暖每一颗心，其实质就是奉献服务；北京西单商场的“求实、奋进”精神，体现了以求实为核心的价值观念和真诚守信、开拓奋进的经营作风。

4.企业道德。企业道德是指调整该企业与其他企业之间、企业与顾客之间、企业内部职工之间关系的行为规范的总和。它是从伦理关系的角度，以善与恶、公与私、荣与辱、诚实与虚伪等道德范畴为标准来评价和规范企业。

企业道德与法律规范和制度规范不同，不具有那样的强制性和约束力，但具有积极的示范效应和强烈的感染力，当被人们认可和接受后具有自我约束的力量。因此，它具有更广泛的适应性，是约束企业和职工行为的重要手段。中国老字号同仁堂药店之所以三百多年长盛不衰，在于它把中华民族优秀的传统美德融于企业的生产经营过程之中，形成了具有行业特色的职业道德，即“济世养身、精益求精、童叟无欺、一视同仁”。

5.团体意识。团体即组织，团体意识是指组织成员的集体观念。团体意识是企业内部凝聚力形成的重要心理因素。企业团体意识的形成使企业的每个职工把自己的工作和行为都看成实现企业目标的一个组成部分，使他们为自己作为企业的成员而感到自豪，对企业的成就产生荣誉感，从而把企业看成自己利益的共同体和归属。因此，他们就会为实现企业的目标而努力奋斗，自觉地克服与实现企业目标不一致的行为。

6.企业形象。企业形象是企业通过外部特征和经营实力表现出来的，被消费者和公众所认同的企业总体印象。由外部特征表现出来的企业的形象称表层形象，如招牌、门面、徽标、广告、商标、服饰、营业环境等，这些都给人以直观的感觉，容易形成印象；通过经营实力表现出来的形象称深层形象，它是企业内部要素的集中体现，如人员素质、生产经营能力、管理水平、资本实力、产品质量等。表层形象以深层形象为基础，没有深层形象这个基础，表层形象就是虚假的，也不能长久地保持。流通企业由于主要是经营商品和提供服务，与顾客接触较多，所以表层形象显得格外重要，但这绝不是说深层形象可以放在次要的位置。北京西单商场以“诚实待人、诚心感人、诚信送人、诚恳让人”来树立全心全意为顾客服务的企业形象，而这种服务是建立在优美的购物环境、可靠的商品质量、实实在在的价格基础上的，即以强大的物质基础和经营实力作为优质服务的保证，达到表层形象和深层形象的结合，赢得了广大顾客的信任。

企业形象还包括企业形象的视觉识别系统，比如VIS系统，是企业对外宣传的视觉标识，是社会对这个企业的视觉认知的导入渠道之一，也是衡量该企业是否进入现代化管理的标志内容。

7.企业制度。企业制度是在生产经营实践活动中所形成的，对人的行为带有强制性，并能保障一定权利的各种规定。从企业文化的层次结构看，企业制度属中间层次，它是精神文化的表现形式，是物质文化实现的保证。企业制度作为职工行为规范的模式，使个人的活动得以合理进行，内外人际关系得以协调，员工的共同利益受到保护，从而使企业有序地组织起来为实现企业目标而努力。

8.文化结构。企业文化结构是指企业文化系统内各要素之间的时空顺序、主次地位与结合方式，是企业文化的构成、形式、层次、内容、类型等的比例关系和位置关系。它表明各个要素如何链接，以此形成企业文化的整体模式。即企业物质文化、企业行为文化、企业制度文化、企业精神文化形态。

9.企业使命。所谓企业使命是指企业在社会经济发展中所应担当的角色和责任，是企业的根本性质和存在的理由，明确企业的经营领域、经营思想，为企业目标的确立与战略的制定提供依据。企业使命要说明企业在全社会经济领域中所经营的活动范围和层次，具体表述企业在社会经济活动中的身份或角色。它包括的内容为企业的经营哲学、企业的宗旨和企业的形象。

三、企业文化的功能

（一）导向功能

所谓导向功能就是通过企业文化对企业的领导者和职工起引导作用。企业文化的导向功能主要体现在以下两个方面。

1.经营哲学和价值观念的指导。经营哲学决定了企业经营的思维方式和处理问题的法则，这些方式和法则指导经营者进行正确的决策，指导员工采用科学的方法从事生产经营活动。企业共同的价值观念决定了企业的价值取向，使员工对事物的评判形成共识，有着共同的价值目标，企业的领导和员工为着他们所认定的价值目标去行动。美国学者托马斯·彼得斯和罗伯特·沃特曼在《追求卓越》一书中指出“我们研究的所有优秀公司都很清楚他们的主张是什么，并认真建立和形成了公司的价值准则。事实上，一个公司缺乏明确的价值准则或价值观念不正确，我们则怀疑它是否有可能获得经营上的成功。”

2.企业目标的指引。企业目标代表着企业发展的方向，没有正确的目标就等于迷失了方向。完美的企业文化会从实际出发，以科学的态度去制订企业的发展目标，这种目标一定具有可行性和科学性。企业员工就是在这一目标的指导下从事生产经营活动的。

（二）凝聚功能

企业文化以人为本，注重人的感情，从而在企业中营造了一种团结友爱、相互信任的和睦气氛，强化了团体意识，使企业职工之间形成强大的凝聚力和向心力。共同的价值观念形成了共同的目标和理想，职工把企业看成一个命运共同体，把本职工作看成实现共同目标的重要组成部分，整个企业步调一致，形成统一的整体。这时，“厂兴我荣，厂衰我耻”成为职工发自内心的真挚感情，“爱厂如家”就会变成他们的实际行动。

(三)激励功能

共同的价值观念使每个职工都感受到自己存在和行为的价值，自我价值的实现是人的最高精神需求的一种满足，这种满足必将形成强大的激励。在以人为本的企业文化氛围中，领导与职工、职工与职工之间互相关心，互相支持。特别是领导对职工的关心，易让职工感到受人尊重，自然会振奋精神，努力工作。另外，企业精神和企业形象对企业职工有着极大的鼓舞作用，特别是企业文化建设取得成功，在社会上产生影响时，企业职工会产生强烈的荣誉感和自豪感，他们会加倍努力，用自己的实际行动去维护企业的荣誉和形象。

(四)调适功能

调适就是调整和适应。企业各部门之间、职工之间，由于各种原因难免会产生一些矛盾，解决这些矛盾需要各自进行自我调节；企业与顾客、与企业、与社会、与环境、与国家之间都会存在不协调、不适应之处，这也需要进行调整和适应。企业哲学和企业道德规范使经营者和普通员工能科学地处理这些矛盾，自觉地约束自己。完美的企业形象就是进行这些调节的结果。调适功能实际也是企业能动作用的一种表现。

(五)辐射功能

企业文化关系到企业的公众形象、公众态度、公众舆论和品牌美誉度。企业文化不仅在企业内部发挥作用，对企业员工产生影响，它也能通过传播媒体，公共关系活动等各种渠道对社会产生影响，向社会辐射。企业文化的传播对树立企业在公众中的形象有很大帮助，优秀的企业文化对社会文化的发展有很大的影响。

四、企业文化与高职学生的关系

高职教育是与企业联系最紧密的教育类型，企业的现实需求应当在高职教育培养目标里得到体现。现在，企业选才、用人乃至整体管理已从更深更广的文化层面对高职教育人才培养提出了一系列的要求。概括而言，主要包括以下几个方面内容。

1.要求毕业生能较快地适应企业环境。迅速适应企业的管理环境，是用人单位的普遍要求。毕业生进入企业不仅要将自己所学的知识技能运用到岗位上，以适应岗位的技术要求，更应凭借良好的综合素质适应企业的管理环境和人文环境，进而崭露头角。事实上，一些刚进入社会的毕业生，并非不具备胜任职业岗位的知识和能力，而是缺乏对企业管理和人文环境的适应性，才导致自己的专业技能不能很好地发挥甚至被淘汰。我们需要意识到：以往高职学生在接受专业培养的过程中，更多地将注意力集中在掌握知识技能上，他们很少也很难通过学校的教学和管理行为去了解、领会到企业管理的精神。换言之，校园文化和企业文化之间存在着较大的差异，这些差异导致了毕业生不能顺利地完成从学生到企业员工的角色转变。这是一个值得我们予以正视的问题。

2.要求毕业生富有创新精神和可持续发展的能力。在新型工业化道路上，员工创新意识与可持续发展的能力是现代企业不断变革和创新的必要条件。只有构建学习型组织，企业才能应对变革；只有具备继续学习、可持续发展的能力和创新精神，毕业生才可适应社会的要求，才能在人才的竞争中脱颖而出，受到企业的欢迎。然而，因体制、观念等因素所限，高职院校学生创新的灵感得不到激发，创新才干得不到培育，毕业生到了重视技术创新与管理创新的企业很难有突出的表现。这与现代企业所崇尚的创新精神和可持续发展的理念是不相符合的。

3.要求毕业生有团队合作的精神和技巧。当代社会的激烈竞争,使企业越来越注重团队合作。一个富有团队精神的企业必将能够增强企业的凝聚力,减少内耗、提高效率。但是,由于受应试教育的影响,很多院校对学生只强调了竞争教育,而忽视了合作教育。学生的团队合作能力不足的状况亟待通过学校的培养得到改善。

由此我们可以看出,高职学生只有适应企业环境、接受企业文化、形成合作精神、发挥创新能力,才能更好更快地融入企业,进而赢得在企业发展的机会。所以,学校在校园文化建设中必须吸收企业文化的成分,从先进企业的文化理念中吸收有价值的元素,丰富、拓展校园文化建设的内容,使高职院校校园文化体现职教特色。也就是说,融入企业文化、促进文化互动已成为高职院校人才培养环节中的一项要务。

第二节　企业对高职学生的职业素质要求

一、企业对人才的一般要求

一般来说,人的智力相差不大,工作成效的高低往往取决于对工作的态度,以及勇于承担任务和负责任的精神。在工作中遇到挫折而仍不屈不挠、坚持到底的员工,其成效必然较高,也更容易因此而受到公司老板和同事们的器重和信赖。

1.有良好的敬业精神和工作态度。

近来,对企业用人需求的调查结果表明,工作态度及敬业精神是企业遴选人才时优先考虑的条件。对企业忠诚和工作积极主动的人是企业最欢迎的人,而那些动辄想跳槽、耐心不足、不虚心、办事不踏实的人,则是企业最不欢迎的人。

2.有较高的专业能力和学习潜力。

现代社会分工越来越细,各行各业所需专业知识也越专、越精。因此,专业知识及工作能力已成为企业招聘人才时重点考虑的问题。但在越来越多的企业重视教育训练、自行培养人才的趋势下,新进人员具备专业知识和工作经验已不是企业选择人才所看重的条件,取而代之的是该人接受训诫的可能性,即学习潜力如何。

所谓具有学习潜力,是指素质不错,有极高的追求成功的动机、学习欲望和学习能力强的人。现在有越来越多的企业在选择人员时,倾向于选用有学习潜力的人,而不是已有那么一点专业知识的人。近来,企业更流行的做法是在招聘人员时加考其志向及智力方面的试题,其目的在于测试应聘者的潜力如何。

3.道德品行好。

道德品质是一个人为人处事的根本,也是公司对人才的基本要求。一个人再有学问、再有能力,如果道德品质不好,也将会对企业造成极大的损害。

4.反应能力强。

对问题分析缜密、判断正确而且能够迅速做出反应的人,在处理问题时比较容易成功。尤其是企业的经营管理面临诸多变化,几乎每天都处在危机管理之中,只有抢先发现机遇,确切掌握时效,妥善应对各种局面,才能立于不败之地。一个分析能力很强,反应敏捷并能迅速而有效地解决问题的员工将是企业十分重视且大有发展前途的人才。

5.愿意学习新东西。

现代社会，科学技术的发展日新月异，市场竞争瞬息万变，企业如要想持续进步，只有不断创新，否则，保持现状即意味着落后。企业所开展的一切工作都是以人为主体的，因此，学习意愿强、能够接受创新思想的员工在企业的发展必然比较迅速。

6.善于沟通。

随着社会日趋开放和多元化，沟通能力已成为现代人们生活必备的能力。对一个企业的员工而言，必然有面对老板、同事、客户等情况，甚至还需要处理企业与股东、同行、政府、社区居民的关系，平时经常会有与其他单位或个人进行协调、解说、宣传的工作，沟通能力的重要性由此可见。

7.能够“合群”。

在当今的社会里，一个人再优秀、再杰出，如果仅凭自己的力量也难以取得事业上的成功，凡是能够顺利完成工作的人，必定要具有集体主义精神。

员工在个性特点上要具有集体主义精神或合群性，几乎已成为各种企业的普遍要求。个人英雄主义色彩太浓的人在企业里不太容易立足，因此想要做好一件事情，绝不能仅凭个人爱好独断专行。只有通过不断沟通、协调、讨论，优先从整体利益考虑，集合众人的智慧和力量，才能做出为大家接受和支持的决定，才能把事情办好。

8.身体状况好。

一位能够胜任工作的员工，除了品德、能力、个性等因素外，健康的身体也是必备条件。所以，成功的事业源于健康的身体，一个身体健康的员工，做起事来精力充沛，干劲十足，并能担负较繁重的工作，不致因体力不支而无法完成任务。

9.自我了解。

对人生进行规划或设计的思想近来逐渐受到人们的重视。所谓人生设计，是指通过对自我的了解，选择适合的工作或事业，投身其中并为之奋斗，对财富、家庭、社交、休闲等进行切实可行的规划，以满足自己的期望。

人生目的明确，自我能力强的员工不会人云亦云、随波逐流。他们即使面临挫折，也能努力坚持，不会轻易退却，因而能在生产或其他工作中发挥主观能动性。

10.适应环境。

企业在遴选人才时，必然注重所选人员适应环境的能力，避免提拔个性极端或太富理想的人，因为这样的人较难与人和谐相处，或是做事不够踏实，这些都会影响同事的工作情绪和士气。新人初到一个公司工作，开始时必然感到陌生，但若能在最短的时间内熟悉工作环境，并且能与同事和睦相处，取得大家的认同和信任，企业必定会重视这名员工的发展潜力。反之，如果过于坚持己见、与人格格不入，即使满腹才学，也难以施展。

二、高职学生的职业素质现状

职业素质是人们从事一定岗位工作所需要的个体能力，它由知识、技能、心理、道德等诸多要素所组成。高职学生的职业素质是高职学生对社会职业了解与适应能力的一种综合体现，并作为一个有机的整体综合发挥作用，主要表现在职业兴趣、职业能力、职业个性及职业情况等方面。职业素质越高的人，获得就业和成功的机会就越多。

1.职业价值取向不明确。职业价值取向反映了一个人的职业价值观，它既是确定个人在职业活动中的责任、态度以及行为活动的“定向器”，也是其选择职业行为方式的“调节器”，因此，职业价值取向对个人的择业、职业稳定性及工作的高成就具有较大影响。当前高职学生的职业价值取向具有以下几个特点：职业价值期望偏高，功利性偏强；职业评价存在盲目性，自我认知欠缺；评价基点倾向于自我，忽视社会需求；对自主创业存在偏见，创业热情不足。

2.职业准备不足。高职院校学生大多就业准备不足，忽视职业规划。高职院校学生普遍缺乏职业规划，不了解自己在未来就业或职业发展中应具备什么样的核心竞争力，未能有意识、有目的地培养自己的专业兴趣和专业特长，毕业时才开始考虑就业问题。

3.职业能力素质较弱。职业能力是指从事某种职业活动并影响该职业活动效率的个人所具备的相应能力。通常包括专业能力和综合能力两个部分。高职院校学生对社会需求不了解，忽视对自身素质的综合提升。高职院校学生大多认为个人的专业能力是就业最重要的通行证，大学学习就是要掌握好专业技能，重视专业课的学习，积极参加专业技能培训，对公共必修课和选修课只为完成学分，对学校或班级的活动不积极。强调突出个人能力，忽视团队合作，致使大学生个性突出，不注重沟通等。

4.职业心理素质不良。职业心理素质是指从业者顺利完成其从事的职业所必须具备的心理品质。高职学生问卷调查中，在校生认为目前自身最欠缺的职业能力调查一项中9.9%的同学选择了心理承受能力。一些高职毕业生在访谈中反映，由于自己高考没有发挥好而进入高职院校，在入校后常会悲观失望，耐挫力差，没有顽强的意志力和毅力，缺乏自信心、自律能力和拼搏进取精神。此外，有些学生不能正确把握和调控自己的情绪，对与学习相关的事都没有兴趣，生活中也常因为同学之间的一些小事而大动干戈，甚至激化矛盾。

5. 职业道德水平底下。高职学生问卷调查显示，在高职学生认为目前自身最欠缺的职业能力中，有6.4%的同学选择是非能力，有7.3%的同学选择思想认识水平，有10.9%的同学选择心理承受能力，有7.3%的同学选择社会责任感。从数据上看，我们发现目前高职学生对自身的职业道德水平的评价是较低的，这一点也恰恰符合现在的实际情况。在与用人单位的访谈中，很多企业人士在被问及“目前高职毕业生哪些方面能够符合企业需求？哪些方面存在差距?”这个问题时，都表示在物质文明高度发展的今天，许多大学生受拜金主义影响，缺乏敬业意识和奉献精神，职业道德水平低下。

三、面向企业需求的人才培养模式

高职学生只有适应企业环境、接受企业文化、形成合作精神、发挥创新能力，才能更好更快地融入企业，进而赢得在企业中发展的机会。所以，学校不仅要充分了解企业的文化精髓，更要在校园文化建设中融入企业文化，从先进企业的文化理念中吸收有价值的元素，丰富、拓展校园文化建设的内容，使高职院校校园文化体现职教特色。也就是说，融入企业文化、促进文化互动已成为高职院校人才培养环节中的一项要务。

引入优秀的企业文化是帮助高职院校成功实现人才培养目标的重要途径。高职教育培养的是面向生产、建设、服务和管理第一线的高技能型人才，要求其办学方向与就业市场零距离对接，这就决定了高职校园文化必须与企业文化实现对接和融合，不同专业除了具备共性的基本职业素质，更应具备直面行业或企业的专门职业素质，以更好地帮助学生成人、成才、就业，也才能更好地实现校企共赢。

1.培养学生的职业意识。职业意识是毕业生在职业问题上的心理活动，是自我意识在职业选择领域的表现，是在职业定向与选择过程中对自己现状的认识和对未来职业的期待和愿望。因此，职业意识在很大程度上影响了毕业生的择业态度和择业方式。由于高职生的社会阅历浅，人生经历少，他们的职业意识模糊，对自己适合做什么、能够做什么认识不清，择业态度普遍不够端正，要么好高骛远、不切实际，要么悲观失望、消极逃避。针对这种情况，学校应准确把握毕业生职业意识的现状，了解他们的所思所想，帮助学生学习职业知识，掌握职业生涯设计的方法，加强对学生职业意识的引导，使学生树立正确的职业观、就业观、择业观。为此，我们及时对学生加强就业辅导，向学生真实客观地介绍企业对人才的需求状况，比如哪些岗位缺人、缺什么样的人、各个行业的现状及发展前景等，从而使学生对自己将来要从事的职业有一个比较全面的了解；同时组织毕业生到企业参观走访，使学生真实地了解企业缺什么样的人才，企业有哪些适合自己的工作岗位，自己的学识与技能是否符合这些岗位的要求，从而使学生消除不切实际的幻想、摆正自己的位置、平和自己的心态、消除“高不成，低不就”的不健康职业心理，脚踏实地一步一个脚印地从最普通的工作做起，通过自己的努力与付出，逐渐实现自己的职业理想，创造自己的职业辉煌。

2.培养学生的职业技能。这就要求学校首先要帮助学生学到与企业无缝对接的专业知识。例如，对煤炭安全生产技术管理，其安全要求高、影响因素多、技术含量高、涉及知识面宽，除掌握本专业要求的专业理论知识外，还必须通晓相关专业的基本知识。如煤炭开采技术员，必须掌握采掘专业的理论知识，同时还要熟悉地质、测量、机电、运输、通风、灾害防治等专业知识，并要融会贯通。

上课即上岗。上课时学生能感受到企业的文化氛围，毕业后才能迅速适应工作岗位，最大限度地消除或缩短学生在实际工作中的培训、磨合和适应期，尽快为企业创造经济效益。通过实施定计划、定内容、定人数、定岗位、定师傅、定质量、定目标、定效益的办法，使学生直接融入企业及企业文化，亲身体验企业与企业、人才与人才之间激烈竞争的现实，亲自感受优秀企业的企业精神、经营理念，尤其是积极进取、以竞争求生存的意识，切身感受到专业知识、专业技能在企业生产经营中发挥的重要作用，树立危机意识和时不我待的紧迫感，激发其学习专业知识的内在动力，对全面培养学生具备适应企业要求的岗位实践能力和职业要求有更好的效果。例如，重庆能源投资集团提出的“奉献光热”就表现了企业重视员工的工作积极性，进入该领域的高职毕业生要以自身的智慧和力量，致力于奉献优秀的能源产品与服务，为满足重庆经济社会需要提供基础能源动力。

3.培养优良的职业品质。企业文化是一种职业型文化，强调“爱岗敬业、团队协作”的职业精神。引入优秀的企业文化，能引导学生尝试对不同文化和多元化价值观的认识、理解和认同，逐步培养高职学生作为未来“现代职业人”竞争求生存、质量谋发展的职业意识，团队协作、科学高效的职业能力，爱岗敬业、诚实守信的职业道德，为学生更快地适应社会需要，更好地服务企业奠定一个良好的基础。以我国煤矿行业为例，风险大，安全责任重大，且大多数煤矿都是地下开采，工作条件艰苦，安全影响因素多，这要求技术管理人员有较强的工作责任心，严格遵守煤矿安全生产法律法规和安全技术作业规程，并具有艰苦奋斗、刻苦钻研、吃苦耐劳、乐于奉献的职业精神。

4.拓展社会适应能力和就业能力。学生要在接受企业文化的过程中最大限度地提升就业水平和获取就业机会。刚出校门的大学生社会阅历较浅,心理承受能力有限,书生意气浓,思考问题过于理想化且做事易冲动,在缺乏对企业文化足够理解和认同的背景下,一方面难以迅速适应企业化的管理,找不准自己的定位,跳槽频繁;另一方面企业对其工作能力也会产生怀疑,所以很多企业在招聘员工时干脆以"有多少年以上工作经验者优先"将高职毕业生拒之门外。归根结底,纯粹的校园文化无法提供企业化的竞争氛围,也无法培养学生吃苦耐劳的心理承受能力,引入优秀企业文化是解决这个困境的重要途径。企业受到行业的影响,每个行业由其行业性质决定,形成了不同的企业文化。以重庆能源投资集团为例,管理工作的复杂性,需要采、掘、机、通、运、管理、后勤等各部门的通力协作和密切配合,以保证煤矿正常的安全生产,要求煤矿安全管理和技术人员必须有较强的团队协作能力和合作精神,善于与领导、同事配合开展工作,在团队中发挥积极作用。在长期的生产实践中和特殊的历史环境条件下,形成了煤炭行业特有的企业文化氛围,即煤矿文化。煤炭行业的高技能人才要求具备较强的社会交往能力和社会适应能力,能够适应煤矿特有的企业文化。

5.培养学生的创新意识和自主创业精神。企业精神的主要内容是创新精神,创新才能进步,创新才能发展,创新需要以科学的态度遵循客观规律,结合实际对常规进行突破。重庆能源投资集团所提倡的创新,具有经济与文化价值的双重性。中共中央、国务院在《关于深化教育改革,全面推进素质教育的决定》中提出,要培养大学生的创新能力、实践能力和创业精神,因此培养大学生的创新意识和自主创业精神也是高职人才培养目标的重要内容。但是,尽管目前高职院校为大学生创业做了很多方面的努力,如政策上扶持、资金上帮助、方式上引导,但是效果仍然不理想。究其原因,在长达12年单纯的校园文化熏陶后,仍然缺乏企业生存理念的高职学生实战经验不足,解决问题的自主能力欠缺,稍遇困难便临阵退缩,最终导致大学生创业"雷声大,雨点小"的尴尬局面。只有通过引入优秀的企业文化来增加大学生的社会阅历,锻炼其面对挫折的心理素质,培养其吃苦耐劳的心理能力,才能够让他们更好地去创新,更勇敢地去创业。

第三节 特殊行业对高职学生的职业素质要求——以重庆能源行业为例

一、重庆能源行业企业文化

企业精神是现代意识与企业个性相结合的一种群体意识。每个企业都有各具特色的企业精神,它往往以简洁而富有哲理的语言形式加以概括,通常通过厂歌、厂训、厂规、厂徽等形式形象地表达出来。如海尔的企业精神:敬业报国,追求卓越;红塔集团的企业精神:天有玉烟,天外有天;中国移动的企业精神:沟通从心开始。另如王府井百货大楼的"一团火"精神,就是用大楼人的光和热去照亮、温暖每一颗心,其实质就是奉献服务;西单商场的"求实、奋进"精神,体现了以求实为核心的价值观念和真诚守信、开拓奋进的经营作风。

以重庆能源投资集团为例。重庆能源投资集团是一家集能源投资、能源开发、能源利用和能源服务于一体,以煤炭、电力、天然气的投资开发和营销为主的大型企业,是重庆市最大的综合性能源投资开发和生产企业。重庆能源投资集团正向打造“中国西部一流企业集团”的目标迈进,在重庆经济社会大发展的舞台上扮演着越来越重要的角色。重庆工程职业技术学院拥有西部地区唯一的资源与勘测工程系,为输送企业所需人才,推动区域经济发展做出了相应的贡献。同时,重庆能源投资集团在为重庆工程职业技术学院毕业生提供顶岗实习、进行职业素质教育指导和促进学院毕业生就业方面也提供了大量的帮助。目前,重庆能源投资集团成为学院学生校外职业道德教育基地之一,在校企合作方面取得了很多成果。探索适应该企业文化的职业素质教育模式,对于以煤炭行业为依托的重庆工程职业技术学院来说意义重大。

“奉献光热、共创卓越”是重庆能源投资集团的核心价值观,是在整合原重庆煤炭、重庆燃气以及重庆电力等三大主业基础上所形成的,是集团企业使命所赋予的,为全体员工一致认同的企业共同价值取向。奉献光热是企业价值导向的基础,共创卓越是企业价值导向的方法与目标。这一核心价值观成为重庆能源企业在追求成功经营过程中所推崇的基本信念和奉行的目标,为企业全体或多数成员所认同并遵循,体现了企业存在和发展的最基本的价值取向,反映了集团进行投资控股经营管理的总体价值诉求,是为实现国家与社会、投资者与股东、合作客户与消费者、公司、员工等利益主体之间的共赢、共享、共同进步而形成的。

重庆能源投资集团还提出“质朴坚韧、求是创新”的企业精神,成为人格化的企业的灵魂。这一企业精神,是依据重庆能源集团的企业属性、行业特性及战略任务所设定和倡导的精神诉求,是指导全体员工为谋求企业生存与发展做出创新和奉献光热的主导意识,同时也是集团为社会经济发展做贡献所表现出的精神风貌,将增强社会公众对集团的理解和支持。

企业管理者在进行经营管理过程中通过自身的工作态度和行为方式表现出来的管理作风也影响着企业的经营行为和管理水平,重庆能源投资集团在新的历史发展时期,在加强企业管理层团队建设的过程中,把企业的管理作风总体表述为:“知实情、说实话、办实事、求实效”。在集团核心价值观、企业精神以及企业伦理影响下形成的管理团队氛围对于企业集体和个人行为都具有指引性。

二、“煤业黄埔”——重庆工程职业技术学院的办学特色

办学定位必须体现出特色。办学特色是指一所学校区别于其他学校的个性特征,是高校发展历史与现实的反映。它不仅代表着一所高校的学术水平和地位,也反映着其办学理念、人才质量和管理水平等。它既是高校形成办学多样化的有效途径,也是其在教育市场形成竞争力的具体表现。

以重庆工程职业技术学院为例,学院的发展目标是:“立足重庆,依托行业,科学发展,注重特色,发挥优势,争创一流”,努力办成一所开放性、国际化、高水平的国家示范性高职学院。50多年来,学院坚持“以学生为中心、以能力为本位、以质量求发展、以特色创品牌”的办学理念,走内涵式、精品化的发展道路,为国家培养了6万余名各类高、中级技术人才和管理人才,多数毕业生已成为企事业单位技术和管理骨干,在重庆、四川大型煤炭企业中的副处级以上技术和管理干部中,学院毕业生占75%,董事

长、总经理等主要领导成员中，学院毕业生占77%，被誉为西南地区煤炭行业的“黄埔军校”。学院先后被授予全国能源系统、全国煤炭系统“职业教育先进单位”。

作为培养西部煤炭等能源行业紧缺人才的资源与勘测工程系是重庆工程职业技术学院最早设立的重点系部之一，与学院同成长，经过50多年的建设和发展，已建设成为专业结构合理、师资力量雄厚、实验实训设备先进、办学成果辉煌的教学系，其专业特色鲜明，培养了大量国家生产建设急需的高级应用型技术人才。

实施西部大开发的15年以来，我国以西电东送、西气东输等重点工程为龙头，加快了西部地区的能源建设，也给煤炭工业以及新能源开发带来前所未有的机遇。重庆市作为西南地区唯一的直辖城市，拥有较丰富的自然资源，西部大开发很大程度上正是对资源的开发利用，而重庆工程职业技术学院更能清楚地领会“重庆经济发展、能源必须先行”的发展理念。因此，重庆工程职业技术学院要真正达成“立足重庆，依托行业，科学发展，注重特色，发挥优势，争创一流”的发展目标，重点培养煤炭等能源行业人才，提高学院学生职业素质，必须了解煤炭等能源企业文化，并把企业价值观和精神深入融进学生职业素质教育培养活动之中。

三、将企业文化融入高职学生职业素质教育

要打破单纯的“为文化而文化”（即建设为校园文化而引入企业文化）的误区，必须明确文化建设的最高宗旨仍是服从和服务于人才培养目标。因此，不仅仅要从校园文化的自身建设着手抓好这项工作，更应该结合高职院校的办学理念、教学体系和学生管理、文化活动等各项工作来思考如何引入优秀的企业文化。

1.在办学理念中融入企业的精神文化。

引入优秀的企业文化，首先要明确引入企业文化的目的，更好地促进高职人才培养目标的实现。因此，最根本的是必须在高职院校的办学方针中融入企业化的办学理念，在校训、办学定位、办学理念、人才培养目标等方面体现并融合企业的精神文化。坚持“格物致用、立德固本、知行一体、敢为人先”的办学理念，教学进程实行开放性、实践性、职业性，实行双证融通、情境教学、工学结合的人才培养模式及“产业＋企业＋专业”校企合作共建的专业建设模式，为社会输送更多更好的高素质技能型应用人才。

2.创新人才培养模式。

采用“职业活动导向”的教学方法、“基于工作过程”的课程体系和教学内容，在实践性、开放性、职业性很强的仿真和生产性的教学情景中逐步渗透企业文化。基于“学习的内容是工作，工作的内容是学习”的教学理念，以职业活动为导向，做到课程标准与职业资格标准的接轨，实现课程标准与学生职业生涯发展的协调；将企业实际的生产过程或项目活动与教学内容挂钩，通过师生共同实施一个完整的企业“项目”来开展教学活动，这是实现校企文化对接的根本保障。

3.用企业化的方式进行学生管理。

培养学生的团队意识，引导学生逐步接受、适应职场化人际关系。职业院校的学生是员工，但不完全是员工；教室是车间，但不完全是车间；教师是师傅，但不仅仅是师傅；校长是企业家，但不完全是企业家。这是以企业方式管理学生，引导学生适应职场化关系的精细指导。

4.充分利用精神文明建设的平台，在校园文化活动和思想政治工作中实现校企文化的互动与融合。

第一，仿效企业实施视觉识别系统，突出职场化、企业化等特点，让学生直接感受企业、职场的氛围。

第二，利用社团活动宣传、介绍优秀企业文化。社团是推动校园文化建设、优化成才环境、提高大学生综合素质等至关重要的窗口，也是联系校园文化与企业文化的桥梁。利用社团活动宣传、介绍优秀企业文化，引入的企业文化要与本专业（行业）乃至未来就业的岗位对口，起到实际作用。

第三，在思想政治工作中充分渗透企业文化，如改革辅导员、班主任由学院教师担任的单一结构，聘请劳动模范、企业（行业）技术能手担任兼职辅导员、班主任或职业指导教师，通过他们的言传身教让学生接受职业道德的熏陶。

下篇　实践篇

我国职业素质教育的系统研究起始于20世纪90年代，经过近20年的探索，在理论研究领域已取得了大量令人欣喜的成果，然而，在办学实践中，创立出完备、实用的职业素质教育体系的成功经验却还不多。为了突破这一问题，重庆工程职业技术学院以国家示范高职院校建设为契机，通过在示范建设项目中设立“学生职业素质教育体系建设”子项目，从2007年起开始在实践中探索构建高职院校学生职业素质教育的模式和体系，通过多年的努力搭建起“一体两翼”职业素质教育体系和“三全三结合”职业素质教育模式，并获得较好的成效。

本书在上篇理论篇中已就该校学生职业素质教育体系建设理论研究与创新的主要成果进行了总结和梳理。在下篇实践篇中将从机制与队伍建设、平台与基地建设、活动的组织与实施三个方面对该校近年来开展学生职业素质教育体系建设的具体做法进行呈现，希望为广大兄弟院校和同行开展相关工作的理论研究和实践提供参考和借鉴。

第六章　重庆工程职业技术学院学生职业素质教育体系概述

重庆工程职业技术学院学生职业素质教育体系建设内容包括理论研究与创新、机制与队伍建设、平台与基地建设、活动组织与实施四个部分，即“理论实践一体化、队伍平台双保障”，简称为“一体双翼”教育体系。

具体建设内容见下图：

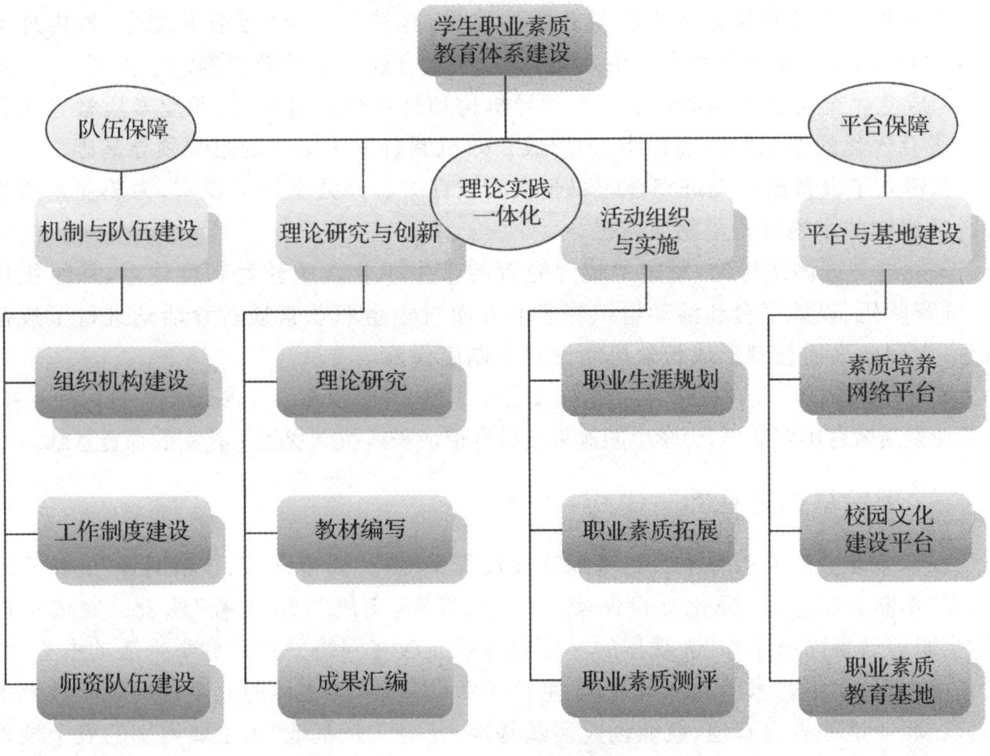

图 6-1　学生职业素质教育体系建设

第一节　取得的主要成效

通过“一体双翼”职业素质教育体系建设，重庆工程职业技术学院取得了“理论研究引方向、机制队伍保长效、平台基地夯基础、活动开展显特色”的主要成效，大力培养了具备“砺苦谨信，技精图强”职业素质的煤炭行业人才。

一、理论研究引方向

重庆工程职业技术学院在学生职业素质教育体系的建设过程中查阅了大量文献资料，把握国际和国内高等职业教育发展趋势；通过调查分析社会、行业、企业对高技能人才素质的基本要求，以及对该校毕业生的跟踪调查，总结出重庆工程职业技术学院学生应该具备的职业素质标准，提炼出八个字的口号——“砺苦谨信，技精图强”。砺苦，是吃苦耐劳，在艰苦的环境中磨砺品格；谨信，是指技术人才按照操作规程严谨行事，在行事中又以诚信为本；技精，指追求技术的精良、高效乃至卓越；图强，是奋发向上、终身学习，追求自我的不断发展和超越。这为职业素质教育体系建设明确了方向和思路。

学校编写出版了《高职院校学生职业生涯规划指导》《高职院校学生通用职业能力培养教程》和《高职院校学生就业与创业指导》等职业素质培训教材，进一步丰富了学生职业素质教育的知识基础。

二、机制队伍保长效

学校通过职业素质教育机制与队伍的建设，打造了一支“专兼职结合、校内外互补”的学生职业素质教育师资队伍，为职业素质教育建立了长效机制。

1.成立了全院学生职业素质教育领导机构和日常管理机构，使职业素质教育工作进入了有序化的组织和管理程序，为形成长效机制打下了坚实的组织领导基础。

2.建立了设备设施先进完善的职业素质教育中心办公室及会议室，为职业素质教育长效机制的实施准备了物质前提。

3.经过充分调研讨论，制定了较为完善的学生职业素质教育制度体系，从组织机构、师资队伍、设施平台和活动组织等多个方面对学生职业素质教育活动进行了规范管理，为职业素质教育形成长效机制设立了制度保障。

4.经过严格的培养和挑选，打造了一支经验丰富、素质较高、“专兼职结合、校内外互补”的职业素质教育师资队伍，为学生职业素质教育形成长效机制提供了扎实的师资基础。

三、平台基地夯基础

在学生职业素质教育平台与基地建设过程中坚持“砺苦谨信、技精图强”的核心理念，以“不断夯实基础，强化支持保障作用”为目标，实施“153 工程”建设。完成了以“学生职前教育网络学堂”为载体的学生职业素质教育网络平台，以“学生活动中心、学生艺术广场、学生艺术团训练基地、学生社团活动基地”为主体的五个校内素质教育平台，以“职业道德教育基地、就业创业实践基地、社会实践基地”为主要类别的五个校外素质教育基地等的建设任务，成功构建了符合高职教育特点的、基础扎实的“四结合”（即虚实结合、单综结合、专通结合、校企结合）职业素质教育立体平台。

在校企融通的共建中，平台与基地建设通过“分类别、多层次、全方位”的目标推进，成功实现了平台与基地基础教育作用的“全覆盖”，为学生职业素质教育活动的开展和学生职业素质的培养提供了强有力的支持和保障。

四、活动开展显特色

开展的职业素质拓展活动针对性更强，市级、院级、系级品牌素质拓展活动建设成效显著，成果丰硕。在学生职业素质活动组织实施上，突显的特色有：

1.系统制定了《重庆工程职业技术学院学生职业素质教育活动实施方案》，首次在高职院校提出对学生进行素质模块训练的方法，保证学生从进校到毕业能够参加系统的职业素质模块训练。

2.组织学生利用暑期赴开县宣讲改革开放 30 年成就，该团队被中宣部、中央文明办、教育部、共青团中央、全国学联联合授予“全国先进团队”，为学校历年大学生暑期“三下乡”活动中获得的最高荣誉，学生在暑期社会实践活动中了解了社会，增长了见识。

3.开展了“‘技能之星’学生职业技能大赛”和“校园文化艺术节”两项校级品牌素质拓展活动。“‘技能之星’学生职业技能大赛”主要引导学生加强专业技能训练，增强动手能力；“校园文化艺术节”主要引导学生加强艺术修养，提高审美情趣。两项活动在全院产生了较大影响力和吸引力，深受学生欢迎。

4.在学校成功举办大学生职业生涯规划设计大赛的基础上，把大学生开展职业生涯规划设计活动向全市高校推广。学院成功举办了重庆市大学生职业生涯规划设计大赛，活动吸引了重庆大学、西南大学等全市 34 所高校的 357 名选手参赛，引导了全市大学生增强职业规划意识。

5.学校组织全市 14 所职业院校学生在我校进行专业技能动手能力竞赛和技能展示活动，进一步激发了职业院校学生加强专业技能动手能力的热情，共青团重庆市委副书记卢波、重庆市科协副主席戴伟等领导到现场参观指导，活动被《重庆日报》等市内媒体报道，产生了良好的社会效应。

第二节　示范与影响

一、在全国高校学生工作年会推介建设经验

2008 年 11 月 17～20 日，在天津市召开的“2008 年全国高校学生工作年会”上，重庆工程职业技术学院作为唯一的高职院校代表，进行了高职学生职业素质教育体系建设工作的经验介绍，受到与会代表的关注。

图 6-2　2008 年全国高校学生工作年会开幕会

图 6-3　项目负责人代表学院进行职业素质教育经验介绍

二、应邀在无锡职教教师论坛上做主题发言

2009 年 10 月 23 日，重庆工程职业技术学院项目负责人受邀在“2009 无锡职教教师论坛”上做了以“高职院校学生职业素质教育体系建设”为主要内容的发言。

图 6-4　项目负责人代表学院介绍职业素质教育体系建设经验

三、在重庆高校共青团系统示范效应突出

重庆工程职业技术学院职业素质教育活动在重庆市高校共青团系统中逐渐形成了示范效应：一是 2008 年 3 月 22 日，学院团委书记兰海涛作为高职院校代表在全市高校共青团团队一体化分层教育动员会上做经验发言；二是 2009 年 2 月 28 日，共青团重庆市委副书记卢波率市团委相关部门同志来校调研共青团工作，在听取学院共青团关于开展学生职业素质教育活动工作汇报后，认为“很有成效，很有借鉴意义”；三是 2009 年 5 月 31 日，学院团委作为重庆市唯一一所公办高职院校团委被共青团重庆市委授予重庆市分类引导青年试点单位。

图 6-5　学院团委书记兰海涛代表高职院校在重庆市高校共青团团队一体化分层教育动员会上做经验发言

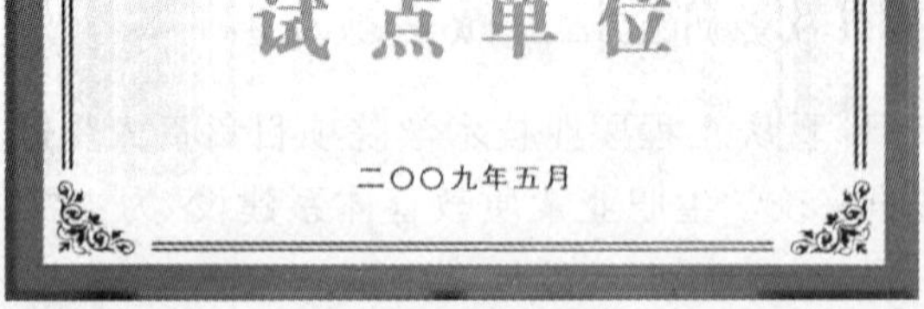

图 6-6　学院团委被共青团重庆市委授予重庆市分类引导青年试点单位

四、交流带动对口支援院校素质教育

图 6-7　建设团队赴重庆三峡职业学院交流

图 6-8　建设团队赴重庆三峡学院交流

项目建设引起了重庆市内外一些高职院校的关注，先后有重庆航天职业技术学院、重庆水利电力职业技术学院、重庆电子工程职业学院、山西煤炭职业技术学院、江西现代职业技术学院、重庆财经职业学院等多所高职院校到校了解、探讨素质教育工作。建设期间，建设团队还应邀走出校门，先后为重庆三峡职业学院、重庆三陕学院、重庆城市管理职业学院、重庆房地产职业学院进行了职业素质教育体系建设的介绍，共同探讨素质教育的思路，共享建设成果。

第七章　机制与队伍建设

健全的组织领导机构和日常管理机构、合理规范的管理制度是高职院校科学、有序、高效地开展学生职业素质教育活动的重要前提。重庆工程职业技术学院在学生职业素质教育体系建设的过程中，大力开展职业素质教育机制与队伍建设，以学生职业素质教育中心为平台，调研并建立职业素质教育制度，组建专家委员会、校外导师团、校内师资库和技术支持组，并有计划、有目的地送培校内职业教育教师和技术人员，形成完善的职业素质教育制度，建设一支“专兼职结合、校内外互补”、经验丰富的职业素质教育工作队伍，为学生职业素质教育体系建设提供制度、组织和师资保障。

第一节　机构建设

一、成立学生职业素质教育领导小组

为了进一步加强对学生职业素质教育工作的组织和领导，重庆工程职业技术学院成立了学生职业素质教育工作领导小组，负责全校学生职业素质教育的决策和领导工作。学生职业素质教育领导小组主要有以下工作职责：

1.全面领导学院学生职业素质教育工作，协调涉及学生职业素质教育的重大事项。

2.研究制定学生素质教育各项方案。

3.部署学生素质教育相关工作任务。

4.研究决定职业素质教育工作中的重大问题。

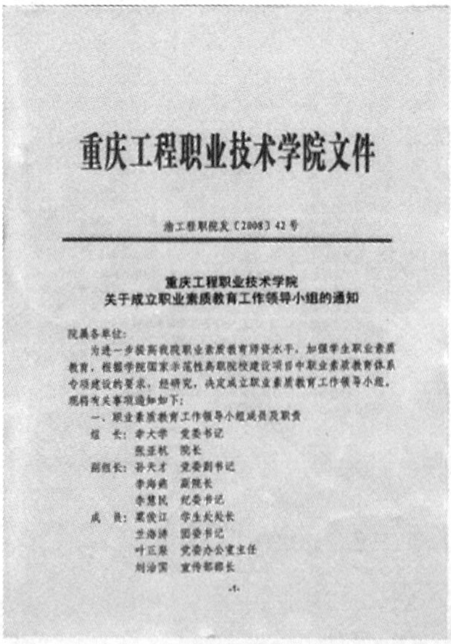

重庆工程职业技术学院文件

渝工程职院发〔2008〕42号

重庆工程职业技术学院
关于成立职业素质教育工作领导小组的通知

院属各单位：

为进一步提高我院职业素质教育师资水平，加强学生职业素质教育，根据学院国家示范性高职院校建设项目中职业素质教育体系专项建设的要求，经研究，决定成立职业素质教育工作领导小组，现将有关事项通知如下：

一、职业素质教育工作领导小组成员及职责

组　长：李大学　党委书记
　　　　张亚杭　院长
副组长：孙天才　党委副书记
　　　　李海燕　副院长
　　　　李慧民　纪委书记
成　员：粟俊江　学生处处长
　　　　兰海涛　团委书记
　　　　叶正薇　党委办公室主任
　　　　刘治国　宣传部部长

-1-

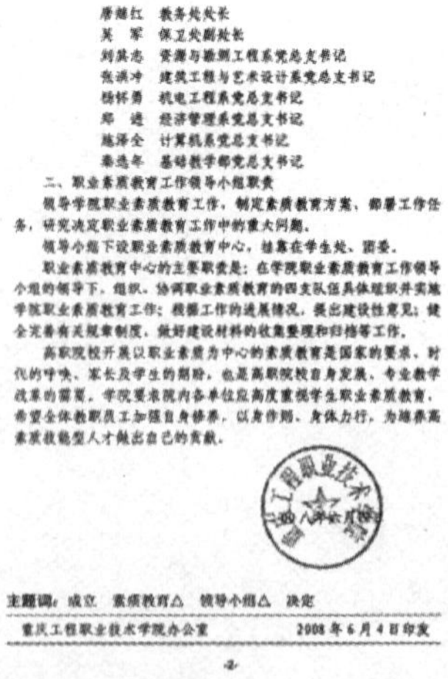

唐继红　教务处处长
吴　军　保卫处副处长
刘兴志　资源与勘测工程系党总支书记
张洪冲　建筑工程与艺术设计系党总支书记
杨怀勇　机电工程系党总支书记
郑　进　经济管理系党总支书记
施泽全　计算机系党总支书记
秦逸年　基础教学部党总支书记

二、职业素质教育工作领导小组职责

领导学院职业素质教育工作，制定素质教育方案，部署工作任务，研究决定职业素质教育工作中的重大问题。

领导小组下设职业素质教育中心，挂靠在学生处、团委。

职业素质教育中心的主要职责是：在学院职业素质教育工作领导小组的领导下，组织、协调职业素质教育的四支队伍具体组织并实施学院职业素质教育工作；根据工作的进展情况，提出建设性意见；健全完善有关规章制度，做好建设材料的收集整理和归档等工作。

高职院校开展以职业素质为中心的素质教育是国家的要求、时代的呼唤、家长及学生的期盼，也是高职院校自身发展、专业教学改革的需要。学院要求院内各单位应高度重视学生职业素质教育，希望全体教职员工加强自身修养，以身作则、身体力行，为培养高素质技能型人才做出自己的贡献。

主题词：成立　素质教育△　领导小组△　决定

重庆工程职业技术学院办公室　　2008年6月4日印发

-2-

图 7-1　学生职业素质教育工作领导小组成立文件

二、建立学生职业素质教育中心

为了积极构建科学、实用、高效的学生职业素质教育体系，全面培养学生职业道德素质、就业能力、创业能力和通用职业能力，重庆工程职业技术学院成立了学生职业素质教育中心，并以该中心作为学生职业素质教育培养的牵头部门，统筹全院学生职业素质教育工作。

学生职业素质教育中心的主要职责是：

1.学院职业素质教育中心在工作领导小组的领导下，组织、协调职业素质教育专家、校外导师、校内素质教育教师、职业素质教育支持人员四支队伍具体组织管理并实施学院职业素质教育工作。

2.根据学生职业素质教育工作的进展情况，提出建设性意见。

3.健全完善相关规章制度，做好建设材料的收集整理和归档等工作。

学生职业素质教育中心下设办公室、对外联络部、活动管理部、技术服务部、各二级院系学生职业素质教育工作领导小组等职能部门。

各主要部门的职能是：

1.办公室：负责中心日常事务的处理、办公场所和设施的日常管理和维护、中心工作人员的日常联络和管理、会议的组织和召开、文件文档的管理等，并对其他部门开展的工作提供必要的后勤保障和支持。

2.对外联络部：负责专家委员会专家和校外导师团导师的日常联络、专家委员会会议的组织和召开、校外导师进校辅导的组织、学生职业素质教育基地的联系、校内师资库和技术支持团队成员的学习培训等相关工作。

3.活动管理部：负责各项学生职业素质教育活动的组织实施和管理工作。

4.技术服务部：负责职业素质教育专用多媒体设备维护、职业素质培养网络平台以及校园文化建设平台的管理和维护。

5.二级院系学生职业素质教育工作领导小组：负责结合本院系专业需求开展具有针对性和专业特色的职业素质教育，聘请院系专业所需的职业素质教育导师。

图 7-2　学生职业素质教育中心(1)

图 7-3　学生职业素质教育中心(2)

图 7-4　学生职业素质教育中心(3)

图 7-5　学生职业素质教育中心(4)

图 7-6　学生职业素质教育中心(5)

图 7-7　学生职业素质教育中心(6)

第二节　队伍建设

一、组建学生职业素质教育专家指导委员会

为了更好地指导学生职业素质教育相关工作的开展，重庆工程职业技术学院聘请了多名职业素质教育专家，组建专家委员会，定期召开专家指导研讨会，指导学生职业素质教育体系项目的规划与实施。学生职业素质教育专家指导委员会的主要职责是：

1.研讨并审定学生职业素质教育相关工作规划，对学生职业素质教育整体规划提出意见和建议，指导学生职业素质教育体系建设。

2.为教师、学生举办专题讲座、报告，提供国内外素质教育的最新信息。

3.为学生职业素质教育体系建设提供理论指导。

4.对学生职业素质教育相关方案和制度进行论证和审定。

5.指导学生职业素质教育教材的编写和出版工作。

图 7-8　学生职业素质教育指导专家聘任仪式(1)

图 7-9　学生职业素质教育指导专家聘任仪式(2)

表 7-1　学生职业素质教育专家指导委员会成员信息

姓名	性别	工作单位	职称	职务	研究领域
朱卫嘉	女	重庆科技学院	教授	中国心理卫生协会大学生心理咨询专业委员会委员	大学生品德教育与成才心理研究、大学生心理素质培养与训练
廖桂芳	女	重庆交通大学	教授	中国心理学会会员 重庆心理学会心理危机干预专业委员会委员 重庆市心理健康教育与咨询专家 重庆市高级心理咨询师 重庆生命救助热线技术督导 重庆交通大学心理健康教育与咨询中心主任 心理健康教育教研室主任	德育与心理健康教育、党建与思想政治教育
曾　华	男	重庆联英人才有限公司	—	重庆联英人才有限公司副总裁	职业指导
徐俊祥	男	时代英杰国际教育科技有限公司	—	时代英杰国际教育科技有限公司研发总监	职业指导
张　力	男	重庆市教育委员会	—	原重庆市教育委员会学生处处长 重庆市大中专毕业生就业指导服务中心主任 重庆市高等学校学生管理工作研究会副会长兼秘书长	学生教育管理、就业指导
刘　源	男	电脑报集团	—	电脑报集团《21 世纪人才报》主编	企业案例、人力资源管理、职业发展规划、企业人物的研究及写作
张承凤	女	重庆第二师范学院(原重庆教育学院)	教授	—	高校素质教育
厉　华(客座教授)	男	重庆红岩联线文化发展管理中心	研究馆员	重庆市文化局党组副书记、副局长 重庆红岩联线文化发展管理中心主任、党委书记 中国博物馆学会社会教育专业委员会副主任	思想政治教育

二、组建学生职业素质教育校外导师团

为了进一步推进学生职业素质教育工作的开展，重庆工程职业技术学院聘请了多名教育、法制、厂矿企业、建筑行业等领域的杰出代表担任学生职业素质培养的校外导师，如研究生理和心理健康、从事司法实践、扎根矿山企业的教育工作者、司法工作者、技术能手和劳动模范等，并且不定期组织校外导师进校开展多种形式的辅导。学生职业素质教育校外导师团有如下主要工作职责：

1.定期进校开展职业素质教育活动，以自身的丰富阅历、精深见解和实干精神，发挥榜样示范作用，引领学生成长成才。

2.协助建立校外职业素质教育基地，帮助开展校外职业素质教育活动。

3.对学生职业素质教育体系建设规划、方案和相关制度提出意见和建议。

4.协助参与学生职业素质教育教材的编写和出版工作。

5.协助参与学生职业素质教育相关方案和制度的制订和论证。

表 7-2　部分学生职业素质教育校外导师简介

序号	姓名	性别	工作单位	职称	职务	备注
1	张前东	男	重庆南桐矿业有限责任公司	—	重庆南桐矿业公司供应分公司物资党总支书记	煤炭行业杰出代表、“全国五一劳动奖章”获得者、“感动中国”十大杰出人物
2	何青松	男	南桐矿业选煤厂	高级工程师	南桐矿业选煤厂厂长	煤炭行业杰出代表、重庆市十大杰出青年企业家
3	彭龙国	男	重庆勘察测绘院	—	重庆勘察测绘院原党委书记	煤炭行业杰出代表
4	董义权	男	重庆中梁山煤电气有限公司	—	重庆中梁山煤电气有限公司人力资源部部长	煤炭行业杰出代表
5	付　玉	男	重庆九鑫矿业（集团）有限公司	—	重庆九鑫矿业（集团）有限公司总裁助理、人力资源部部长	煤炭行业杰出代表
6	康　尔	男	南京大学	教授	南京大学文化艺术教育中心主任、教授、研究生导师	人文艺术教育专家
7	李玉康	女	重庆师范大学	副教授	—	学生生理健康教育专家
8	朱辉荣	男	重庆交通大学	副教授	—	学生职业生涯规划指导专家

续表

序号	姓名	性别	工作单位	职称	职务	备注
9	侯国跃	男	西南政法大学	副教授	—	民商法学专家
10	杨文康	男	重庆世邦广告有限公司	—	重庆世邦广告有限公司总经理	行业杰出代表
11	谢　毓	男	时代英杰国际教育科技有限公司	网络工程师、软件开发工程师	时代英杰国际教育科技有限公司西南大区经理	大学生就业创业指导专家
12	邓　涛	男	重庆红岩联线文化发展管理中心	—	重庆红岩联线文化发展管理中心参观接待部景区主任	“红岩魂”报告团成员之一、重庆市“十佳故事员”
13	王正荣	男	四川宜宾市五星实业集团有限公司	—	四川宜宾市五星实业集团有限公司董事长兼总裁	煤炭行业杰出代表

图 7-10　康尔导师专题报告“洞察艺术世界的奥秘”

图 7-11　邓涛导师支持红色经典故事会大讲堂

图 7-12　职业素质漫谈系列讲座

图 7-13　何青松导师专题报告“工作二十年”

图 7-14　侯国跃导师专题报告“法律人生”

图 7-15　李玉康导师专题报告“大学生生理健康教育”

图 7-16　朱辉荣导师专题报告“磨砺意志，励志成才”

图 7-17　同学们认真接受导师指导

三、组建学生职业素质教育校内师资库

为了进一步加强学生职业素质教育师资队伍建设，在聘请指导专家和校外导师的基础上，重庆工程职业技术学院充分挖掘内部潜力，建立起较为完备的学生职业素质教育校内师资库。学校多次组织校内学生职业素质教育教师参加相关专题进修与培训，定期组织职业素质教育教师的集体培训与相互交流，提升他们的自身素质与教育能力。广大校内职业素质指导教师充分利用自身熟悉学生、了解学生的优势，利用团学活动、第二课堂等多种丰富多彩的形式开展职业素质教育活动，并以培养学生文学、艺术、音乐等多方面的综合素质为重点内容，全面提升学生竞争力，取得了良好的成效。

校内学生职业素质教育教师的主要工作职责是：

1.指导组织学生各项日常职业素质教育活动的开展，帮助学生提高职业素质，引导学生成长成才。

2.完成学生职业素质教育工作中学生骨干的培养工作。

3.参与学生职业素质教育相关方案和制度的制订及相关理论研究工作。

4.参与学生职业素质教育教材的编写和出版工作。

图 7-18　学生职业生涯规划指导教师培训(1)

图 7-19　学生职业生涯规划指导教师培训(2)

图 7-20　校内职业素质教育教师参加山鹰潜能培训

图 7-21　校内指导教师外出培训与杨叔子教授合影

图 7-22　校内指导教师对学生进行指导

四、组建学生职业素质教育技术支持团队

为了给学生职业素质教育相关活动提供多媒体、计算机网络等技术手段的支持，保障学生各项职业素质教育活动顺利有效开展，重庆工程职业技术学院充分利用校内技术力量，组建了一支具有较强技术实力的学生职业素质教育技术支持团队。学生职业素质教育技术支持团队的工作职责是：

1.为学生职业素质教育活动提供多媒体技术支持，保障活动顺利有效开展。

2.完成学生职业素质教育活动影音记录资料的制作。

3.协助完成学生职业素质教育活动后期宣传报道工作。

4.完成学生职业素质教育中心和校内学生职业素质教育基地办公设备的日常维护工作。

5.保障学生职业素质教育网络平台的正常运行。

6.完成对学生技术支持人员的培训工作。

图 7-23　技术支持人员对职业素质教育活动提供技术支持

图 7-24　对参与技术支持工作的学生进行培训

重庆工程职业技术学院通过学生职业素质教育的机制与队伍建设，形成了一支“专兼职结合、校内外互补”的学生职业素质教育队伍。这一建设成果的取得，弥补了该校职业素质教育师资单纯依靠校内兼职教师、师资队伍整体水平相对较弱的不足。

在建设过程中学校意识到培养学生职业素质教育的主要目的是：强化学生的职业道德观念，提高学生职业规划能力和就业、创业能力，形成学生勤奋俭朴、踏实负责的作风，培养学生诚信品质和敬业精神，培养“下得去、用得上、留得住”和厂矿企业“能用、好用、重用”的高素质技能型人才。根据这一教育理念，学校在专家和导师的聘任过程中没有盲目地选聘，而是根据学校办学特点和提高高职学生职业素质的需要，有针对性地进行选择，使之能更好地在整个学生职业素质教育体系中发挥作用。

第一，认识到与行业相结合，培养行业所需要的高素质人才是高等职业教育的重要目标。该校大部分专业毕业生均面向煤炭行业，为积极配合行业发展需要，培养煤炭行业所需的高素质技能型人才，形成学生勤奋俭朴、踏实负责的作风，培养学生诚信品质和敬业精神，学校特从煤炭行业聘请了大批行业专家、劳动模范和杰出代表担任学生素质教育导师，以他们的丰富阅历、精深见解和实干精神，发挥出榜样示范作用，引领学生成长成才。

第二，认识到高素质的技能型人才必须具备良好的思想道德素质、过硬的心理素质和一定的法律基础知识，并在学生职业素质的培育过程中注重加强这些方面的教育。为此，学校聘请了许多从事思想道德教育、心理健康教育、司法实践等方面的专家，他们开展了许多形式多样、学生喜闻乐见的教育活动，使广大学生在思想道德素质、心理素质、法律素养等方面的基本素质得到了很大的提高。

第三，认识到高等职业教育是以就业为导向的教育，职业规划能力、就业创业能力都是高素质技能型人才所必备的基本职业素质。学校聘请了许多经验丰富的职业规划和就业创业指导方面的专家，他们用自己多年从事学生职业规划设计、人力资源管理等方面工作的丰富经验为提升学生职业规划、就业创业能力提供了很大的帮助。

第三节 制度建设

一、学生职业素质教育组织机构建设管理相关制度

为了进一步规范对学生职业素质教育相关机构的建设和管理，重庆工程职业技术学院制定了学生职业素质教育组织机构建设管理相关制度，主要包括：《学生职业素质教育机构及队伍工作职责》《学生职业素质教育中心人员聘任及管理办法》《学生职业素质教育中心部门工作职责》等。（具体文件见本书附录："重庆工程职业技术学院学生职业素质教育管理文件"）

二、学生职业素质教育师资队伍建设管理相关制度

为了进一步加强对学生职业素质教育师资队伍的建设和管理，重庆工程职业技术学院制定了学生职业素质教育师资队伍建设管理相关制度，主要包括：《学生职业素质教育师资队伍管理办法》《学生职业素质教育校内指导教师聘任及管理办法》《学生职业素质教育校内师资培训管理办法》等。（具体文件见本书附录："重庆工程职业技术学院学生职业素质教育管理文件"）

三、学生职业素质教育活动组织管理相关制度

为了进一步规范对学生职业素质教育活动的组织和管理，重庆工程职业技术学院制定了学生职业素质教育活动组织管理相关制度，主要包括：《班级学生职业素质教育活动组织管理办法》《学生职业素质教育网络课程教学实施方案》《学生职业素质教育活动组织实施方案》等。（具体文件见本书附录："重庆工程职业技术学院学生职业素质教育管理文件"）

四、学生职业素质教育场地设施建设管理相关制度

为了进一步加强和规范对学生职业素质教育场地设施的建设和管理，重庆工程职业技术学院制定了学生职业素质教育场地设施建设管理相关制度，主要包括：《校外学生职业素质教育基地管理办法》《学生职业素质教育中心管理办法》《学生社团活动基地管理办法》《学生艺术团训练基地管理办法》等。（具体文件见本书附录："重庆工程职业技术学院学生职业素质教育管理文件"）

这些制度体系，基本上覆盖了重庆工程职业技术学院学生职业素质教育各个方面的工作，行成了一个"合理、规范、健全"的学生职业素质教育体系，为学生职业素质教育活动的开展提供了良好的制度保障。

重庆工程职业技术学院在机制与队伍建设的过程中始终以为学生职业素质教育工作提供长效保障为建设目标，并取得了一系列可喜的成效，为学校学生职业素质教育工作长期顺利、稳定地开展提供了"四个长效保障"，即：

1.成立了全院学生职业素质教育领导机构和日常管理机构，使学校学生职业素质教育工作有了有序的组织和管理，为学生职业素质教育工作形成长效机制提供了坚实的组织领导保障。

2.建立了两个设施先进、设备齐全的学生职业素质教育中心办公及会议场所，为学生职业素质教育工作形成长效机制提供了坚实的物资硬件保障。

3.经过充分调研讨论，制定了较为完善的学生职业素质教育制度体系，从组织机构运转、师资队伍建设、设施平台维护和活动组织管理等多个方面对学生职业素质教育活动进行了科学的规范和管理，为学生职业素质教育形成长效机制提供了坚实的制度规范保障。

4.经过努力建设，分别建立了学生职业素质教育专家指导委员会、校外导师团、校内师资库和技术支持团队，形成了一支"经验丰、素质高、两结合(即专兼职结合、校内外结合)"的职业素质教育师资队伍，并开展了大量形式丰富、学生喜闻乐见的职业素质教育活动，使广大学生职业素质得到了较大提升，并为学生职业素质教育工作形成长效机制提供了坚实的师资队伍保障。

第八章　平台与基地建设

“工欲善其事，必先利其器”，要实施好职业素质教育，应建好职业素质教育平台和基地，即建成贴近学生、功能强大、作用明显的职业素质教育网络平台、校园文化建设平台和校内外教育基地。为了夯实高职院校学生职业素质教育基础，学院有效地开展了平台与基地建设。

围绕提高学生职业素质水平的中心目标，学校逐步建成学生职业素质教育网站、网络资源库等网络平台，完成校园文化建设、公寓文化建设和校内外教育基地建设，开发建设“虚实结合、形式多样”的培养平台与基地，为学生职业素质的培养提供有力支撑，为持续开展学生职业素质培养工作提供保障。学院通过学生职业素质教育平台与基地的建设，最终形成“153”工程，即建成一个载体——学生职前教育网络学堂，建成五个校内平台——学生活动中心、学生艺术广场、大学生艺术团训练基地、社团活动基地、公寓学习活动室，建成三个校外基地——职业素质教育基地、就业创业实践基地、社会实践基地。

第一节　职业素质网络平台建设

为了充分利用现代教育技术手段推进学生职业素质教育工作，重庆工程职业技术学院于2008年和时代英杰国际教育科技有限公司合作，开发了学生职前教育网络学堂。学生职前教育网络学堂建立起了学生职业素质教育课程库，收录了70门课程，同时还建立了学生职业测评与导航系统、网络在线交流系统、考试评价系统，有了比较完善的网络职前教育体系，并结合学校教育模式制订了《学生职业素质教育网络课程教学实施方案》，对全院学生开展教学。

一、“时代英杰・职前教育网络学堂”简介

1.职前教育网络学堂的作用。

“时代英杰・职前教育网络学堂”是一套集职业测评、职业导航、职业设计、名师课程、专家咨询、职业发展评价、教学管理、在线咨询与交流等功能为一体的，为高校就业指导和大学生职业发展教育提供全方位服务的网络化解决方案。

2.职前教育网络学堂的适用对象。

一是所有大学生：通过登录平台，建立个人职业生涯发展档案，认识自我、了解职业环境，有效进行职业生涯规划管理，学习专家课程，进行在线考核与测试，开展在线咨询与交流，时刻关注职场发展动态，及时获取有针对性的就业信息，等等。亦可在学校的统一组织下，通过本平台选修职业发展与就业指导课程。

二是学校职业指导教师：登录管理后台，发挥网络学堂辅助教学和就业指导的功能，对学校各院系学生学习状况进行检查和督促，发布重要公告，为学生提供在线咨询，作为教学备课参考等。

3.职前教育网络学堂的价值。

(1)为学校搭建先进的就业指导与职业发展教育网络管理系统,高效率实施就业指导和职业发展教育工作,全面贯彻教育部的"选修"或"必修"和"全程化、全员化、专业化、信息化"的要求。

(2)为学校搭建先进的职业发展教育信息化平台,提升学校就业指导和职业发展教育工作的信息化水平,推进学校整体教育工作的信息化建设进程。

(3)为学校构建强大的、优质的、可持续发展的就业指导与职业发展教育课程资源库。

(4)为学生科学规划职业发展生涯、提升职业发展质量及就业质量提供先进而有效的实现途径。

图 8-1 职前教育网络学堂开通仪式(1)

图 8-2 职前教育网络学堂开通仪式(2)

二、重庆工程职业技术学院学生职业素质教育网络学堂的教学实施方案

(一)课程概述

1.课程背景。

学生职业素质教育网络平台是重庆工程职业技术学院示范建设的内容之一,是丰富高职学生职业素质教育形式的有益探索,是在校学生接受职业素质教育的有效途径。

2.课程性质。

学生职业素质教育网络课程是面向在校大学生开设的一门限制选修课,旨在提高大学生的就业能力和职业素养,为实现理想择业、就业和创业做好准备。学时为 60 学时,学分 6 分,学生在一、二、三年级完成相应学习要求后分别获得 2 个学分。

3.教学目标。

引导大学生树立职业生涯意识,客观认识就业形势,明晰所学专业的发展方向和所需具备的职业素养;在自我认知的基础上树立正确的职业理想和择业观念,科学规划个人职业生涯;了解国家和各级政府的就业创业政策,激励学生自主创业,培养大学生创新、创业意识和能力;掌握必要的求职择业方法和技巧,正确选择职业发展方向,为成才与发展奠定基础。

4.教学对象。

全院 2007 年及其以后入学的各专业、各年级学生。

(二)课程内容

学校学生职业素质教育网络课程库共有 70 门专家课程,约 160 学时的教学内容,学生可根据需要自行选择。课程按内容可分为三类:

1.职业生涯规划类：职业规划发展导论、影响职业规划的因素、认识自我、了解职业、了解环境、职业发展决策等。

2.提高就业能力类：提高就业能力、搜集就业信息、简历撰写与面试技巧、心理调适、就业权益保护、签约责任与义务等。

3.创业与职业适应类：创业基础、从学生到职业人的过渡、工作中应注意的因素等。

(三)教学要求

1.一年级教学要求：引导学生理性认识大学生活，正确认识成才与就业、成才与职业发展的关系；引导学生通过各种测试工具，科学实现自我认知，掌握职业信息获取的途径，进行科学择业决策，明确职业发展方向；引导学生树立职业生涯意识，了解职业生涯规划的基本理论和观点，掌握职业生涯规划设计的步骤，独立完成职业生涯规划书的撰写。

2.二年级教学要求：指导学生掌握求职择业与升学考试的相关技巧，提高求职与升学的成功率；了解当前就业环境与各级政府的就业政策，引导学生树立正确就业观念；帮助学生树立创业意识，了解创业政策，掌握创业的基本知识。

3.三年级教学要求：调整好就业心态，增强就业安全意识，正确认识社会，寻找最佳的职业岗位，实现人生目标。

(四)学时分配

课程基本学时60学时，分为三个模块，分别在一、二、三年级各完成20学时。学生可根据自身需要，在课程库中选择相应的课程进行学习。

课程内容举例见下表。

表8-1　职业生涯规划模块(20学时)

学习内容	课程类型	课程举例	学时
职业发展与规划导论	生涯设计篇	生涯规划与人生发展	2
		大学学习生涯规划	2
职业生涯规划	环境认知篇	职业世界探索与认知解读	2
		大学生就业形势与政策解读	2
		人才市场与大学生就业	2

表8-2　职业素质提升模块(20学时)

学习内容	课程类型	课程举例(学生自选相关课程)	学时
提高就业能力	素质拓展篇	如何培养职业态度与素养	2
		如何洞悉职场规则	2
求职过程指导	求职指导篇	求职自我营销	2
		求职简历写作	2
		求职基本礼仪	2

表 8-3　创业能力与适应能力培养模块(20 学时)

学习内容	课程类型	课程举例(学生自选相关课程)	学时
求职过程指导	求职指导篇	求职心态管理	2
		就业权益与法律保障	2
创业教育	自主创业篇	大学生创业之创业准备	2
职业适应与发展	职场适应篇	如何迈好职场第一步	2
		从学生到职业人的过渡	2

(五)考核办法

根据学生的线上学习表现和记录进行量化考核,分年级授予学分:

1.一年级学生完成以下学习要求的,获得 2 个选修课学分。

(1)参加职业测评,有系统生成的测评报告;

(2)进行职业生涯规划书的编写,系统有记录;

(3)完成至少 20 学时的网络课程学习(建议为第一模块内容);

(4)至少参加 1 次集中组织的职业素质教育讲座(以提交书面的讲座内容纪要、学习体会为依据)。

2.二年级学生完成以下学习要求的,获得 2 个选修课学分。

(1)完成职业生涯规划书的编写,系统有完备的记录;

(2)完成至少 20 学时的网络课程学习(建议为第二模块内容);

(3)至少参加 1 次集中组织的职业素质教育讲座(以提交书面的讲座内容纪要、学习体会为依据);

(4)参加职业素质在线测评,得分在 60 分以上。

3.三年级学生完成以下学习要求的,获得 2 个选修课学分。

(1)书面的个人职业测评报告及意见;

(2)书面的个人职业生涯规划书;

(3)完成至少 20 学时的网络课程学习(建议为第三模块内容);

(4)书面(手写)的学习职业素质教育网络课程的心得体会(不少于 1000 字)。

(六)教学组织

本课程以提升学生职业素质和就业能力为目标,采取"学生个体网络学习为主,讲座、讨论等集体学习为辅"的教学组织形式。学生个体网络学习即为学生使用学习卡登录职前教育网络学堂,自主学习职业发展教育课程,时间和进度可自由安排。

三、学生职业素质教育网络学堂简介及使用案例

1.学生职业素质教育网络学堂简介。

学生职业素质教育网络学堂针对教师用户和学生用户有不同的主要功能。教师用户有实施教学管理、寻找教案资源、观看课程视频、查看数据统计等主要功能。学生用户有完成学习任务、参加考试、写作业、观看在线课程等主要功能。针对学生用户,网络学堂设置有学习管理、在线课程、职业生涯规划、课程考试、专家咨询等主要模块。

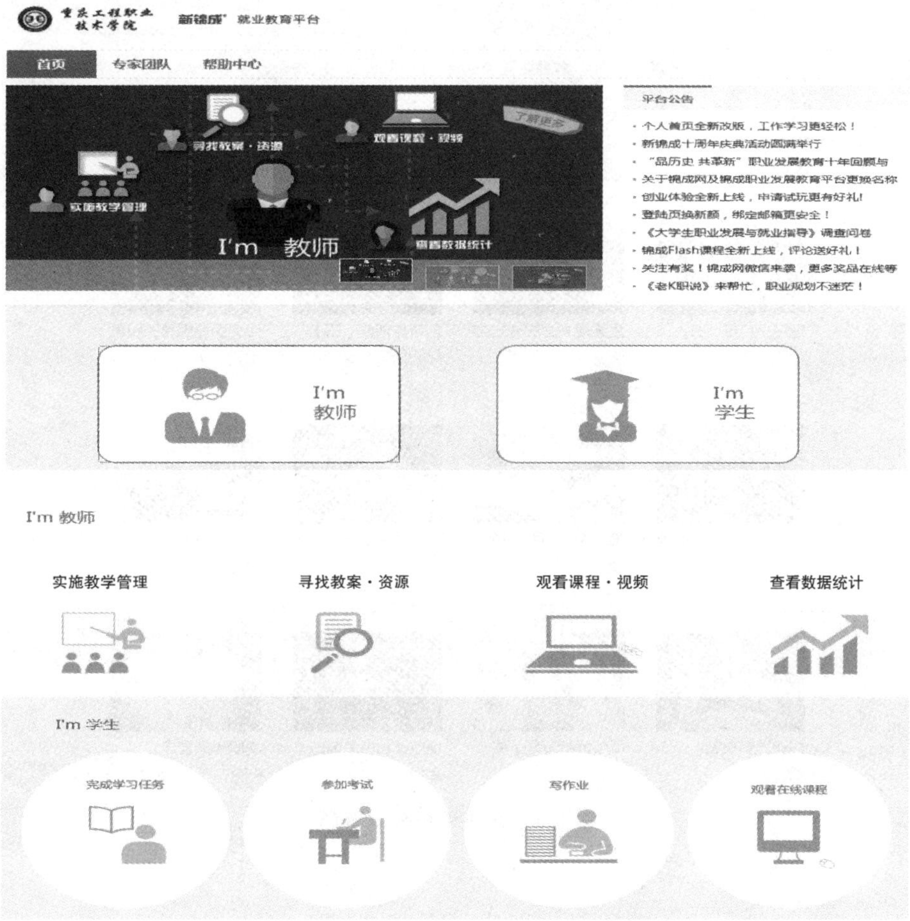

图 8-3　学生职业素质教育网络学堂的主要功能

图 8-4　网络学堂专家咨询团队

图 8-5　在线课程教学资源

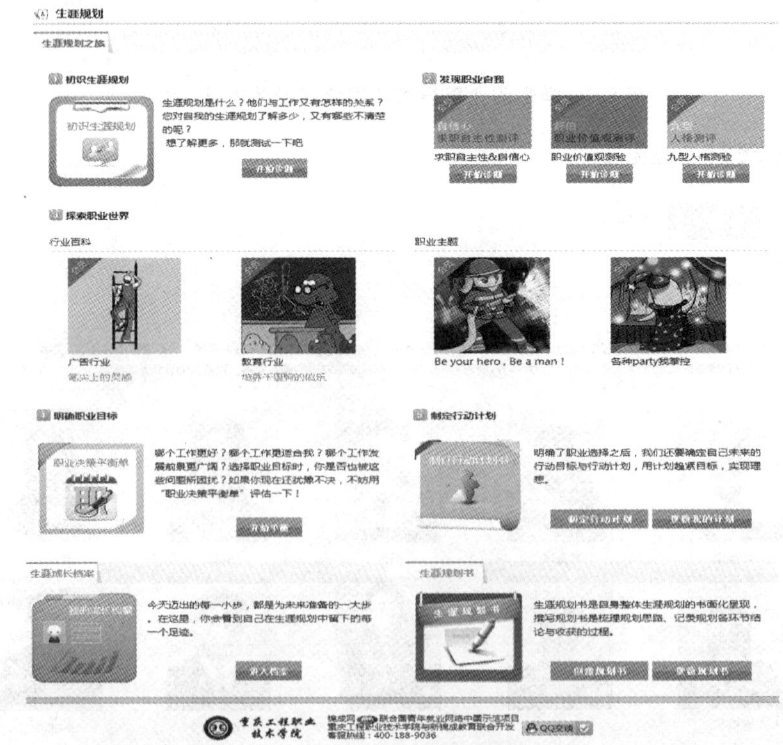

图 8-6　职业生涯规划模块

2.学生职业素质教育网络学堂使用案例。

(1)学生可以通过登录“个人中心”,查看和管理自己的各项系统功能。

图 8-7 学生登录个人中心

(2)查看学习任务。学生选择学习任务功能完成老师布置的学习任务,其中包括观看在线课程、完成职业测评、在线考试、在线作业、编写生涯规划书和创业计划书等。

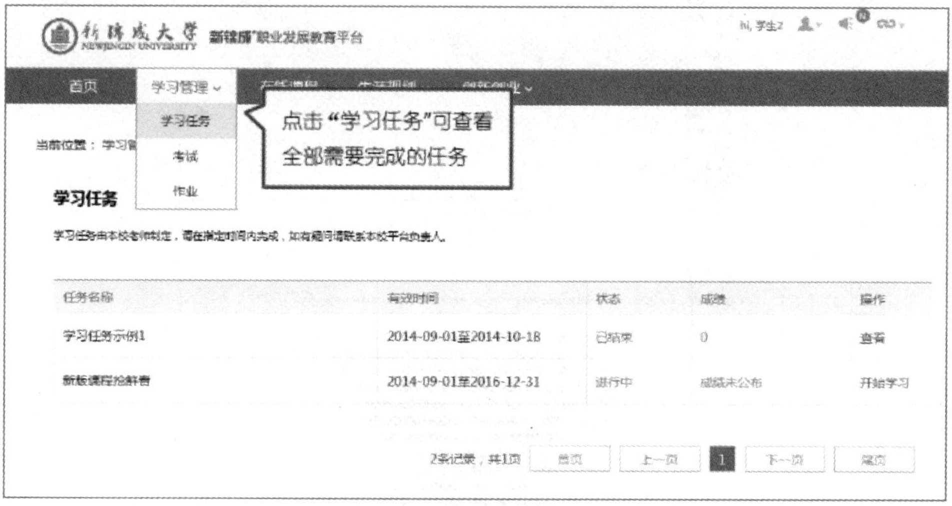

图 8-8 “学习任务”功能

(3)观看视频课程。视频课程是网络学堂的重要内容。部分课程是老师安排在学习任务中,要求学生在指定时间内观看,此外学生也可以自主学习观看其他课程。

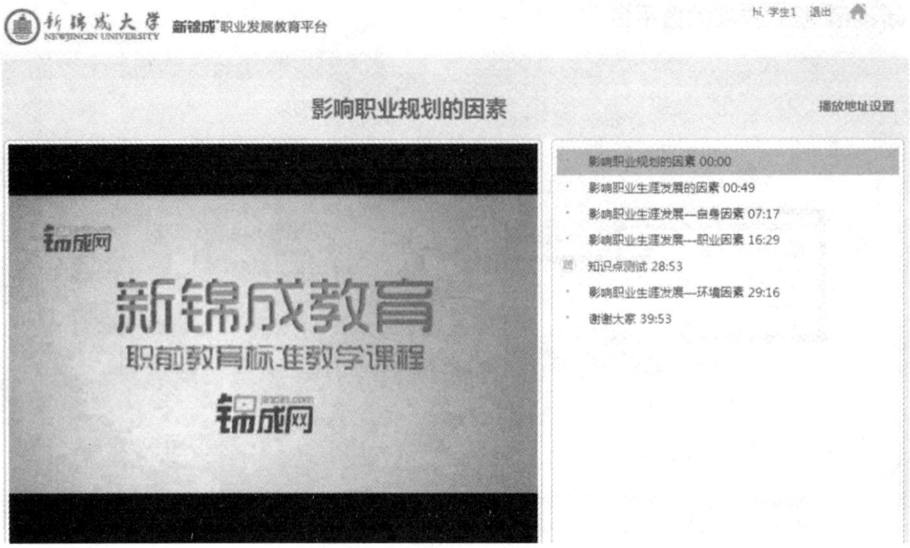

图 8-9 观看在线视频课程

(4)完成在线测评。学生需要在网络学堂中完成老师布置的相关测评任务。

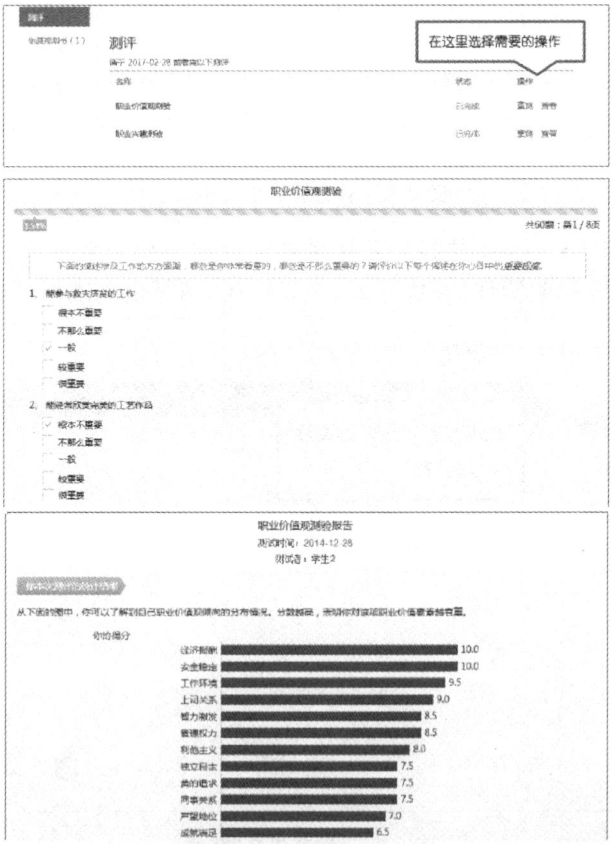

图 8-10 在线测评功能

(5)参加在线考试。学生可以在个人首页直接查看近期需要参加的考试，也可通过导航菜单进入考试模块。

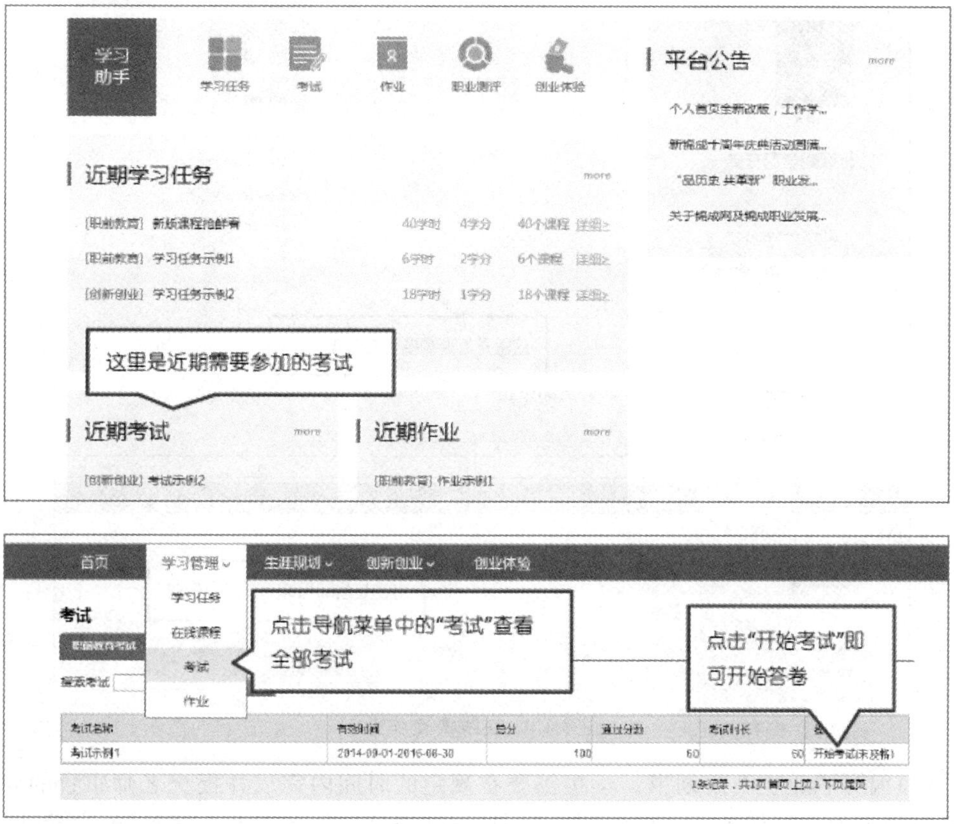

图 8-11　进入在线考试模块

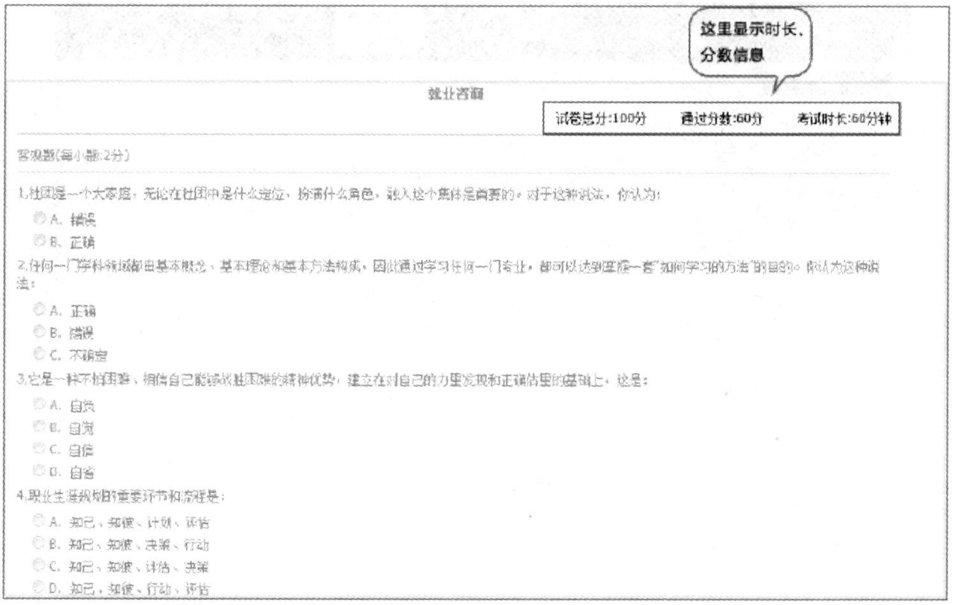

图 8-12　参加在线考试

(6)在线提交作业。学生在个人首页可直接查看近期需要完成的作业,也可通过导航进入作业模块查看。

图 8-13　在线提交作业

(7)编写职业生涯规划书。学生需要在规定的时间内完成并提交老师布置的职业生涯规划书的编写任务。一份完整的规划书分为封面、整体职业生涯目标、自我认知、职业认知和职业规划设计五个部分。

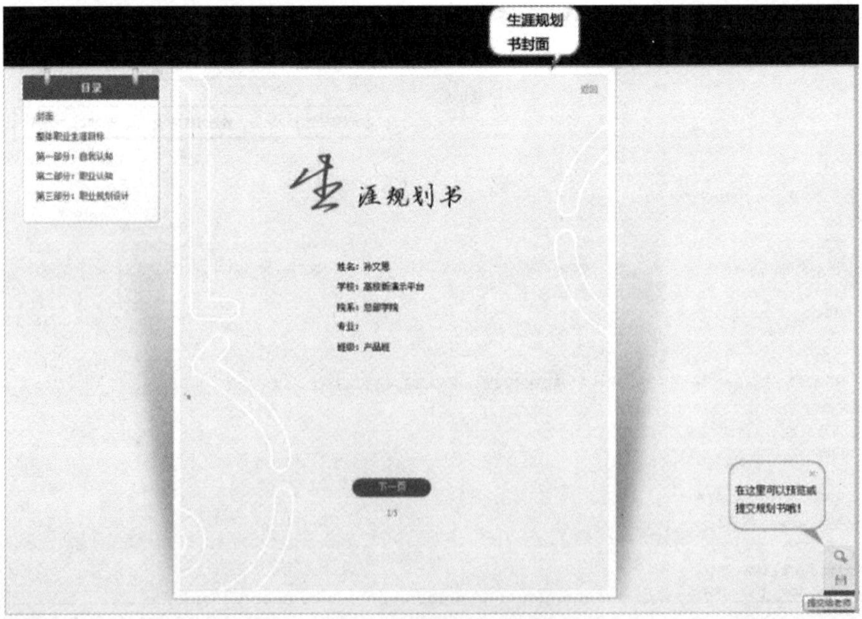

图 8-14　完成职业生涯规划书

(8)编写创业计划书。学生需要在规定的时间内完成并提交老师在学习任务中布置的创业计划书编写任务。计划书共分七大板块，学生点击“＋”逐一添加相关内容，完成编写后提交。

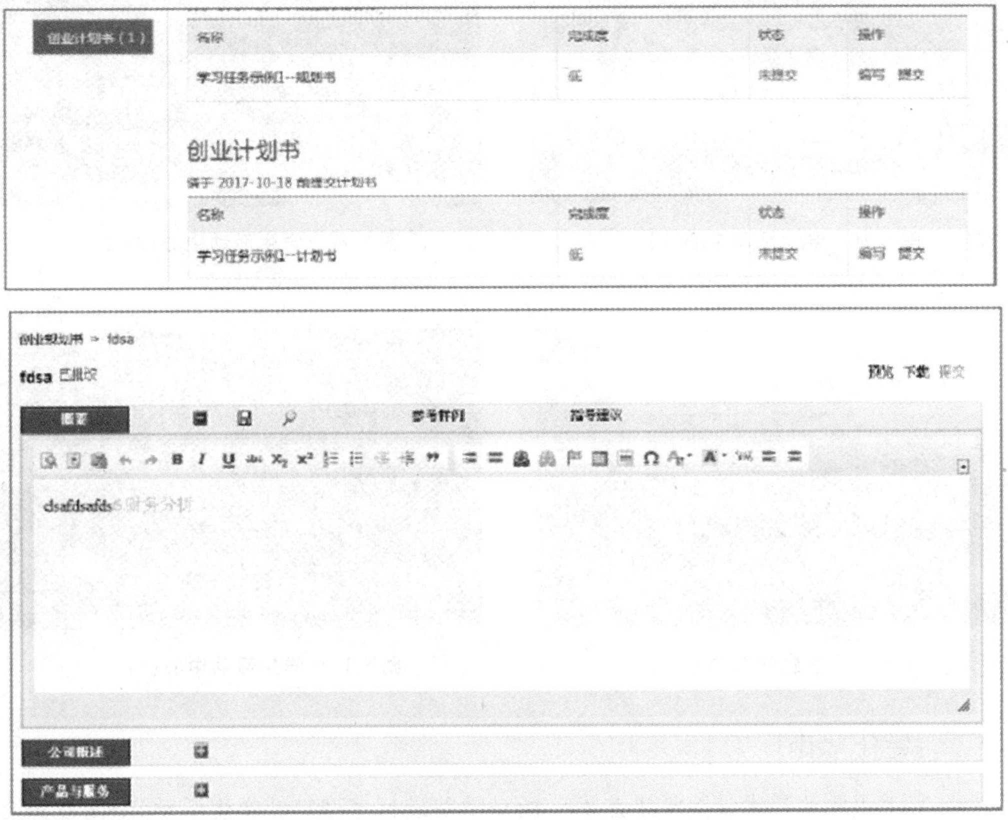

图 8-15　完成创业计划书

第二节　校园文化建设平台建设

学生职业素质培养需要良好的校园文化氛围。重庆工程职业技术学院通过建设校园文化建设平台，建成了学生活动中心、学生艺术广场、大学生艺术团训练基地、学生社团活动基地、公寓学习活动室五个校园文化建设平台，为构建安全、文明、和谐、优美的校园环境，形成安全、整洁、有序的学生公寓文化，营造浓厚的校园文化氛围发挥作用。

一、学生活动中心

重庆工程职业技术学院学生活动中心隶属于共青团重庆工程职业技术学院委员会，分别位于学院上桥校区和巴南校区东院，可分别容纳 600 人和 1000 人。活动中心多媒体、灯光、音响设备齐全，可满足文艺晚会、大型表彰、现场直播、电影放映、大型学术报告等各种活动的需求。在满足学院大型活动的同时，活动中心还为提升学生综合素质，助推学院“人文校园”建设，创造浓厚校园文化氛围，扩展学院文化内涵，推动学院文化事业发展等多方面提供全方位支撑。

图 8-16　**学生活动中心**(1)

图 8-17　**学生活动中心**(2)

图 8-18　**学生活动中心**(3)

图 8-19　**学生活动中心**(4)

二、学生艺术广场

重庆工程职业技术学院学生艺术广场是学院进行大型户外学生活动、全院性集会的重要场所，它位于学院上桥校区。艺术广场分为两个部分，包括学院篮球场和学院圆形广场。艺术广场配备专业音响及音控设备一套、灯光设备一套、移动投影仪及屏幕一套，以及活动舞台一套，可满足大型户外文艺晚会、大型表彰会等各种活动需求。艺术广场自投入使用以来，先后开展了一系列满足学院师生文化需求的活动，为学院文化建设提供了重要的平台和基地。

学生艺术广场的不断完善和成熟，进一步充实了学院校园文化建设的物质基础，为学院提升文化内涵，促进"人文校园"建设，扩展工科类学生文化艺术修养做出了贡献。

图 8-20　**学生艺术广场**(1)

图 8-21　**学生艺术广场**(2)

三、大学生艺术团训练基地

重庆工程职业技术学院学生艺术团训练基地是重庆工程职业技术学院大学生艺术团的主要训练场所，同时也作为大学生艺术团办公室使用。训练基地可容纳60人进行节目训练和排演。

训练基地配备有舞蹈训练专用木地板、训练扶手、专业舞蹈镜以及储物柜一套。为保证艺术团训练效果，基地还配备了专业音响一套、专业舞台灯光一套以及训练用小舞台等设备。

作为学院学生职业素质教育的重要基地，大学生艺术团训练基地自投入使用以来，积极组织艺术团成员参与学院各级文艺演出排练，敢于创新，勇于突破，在这块热土上创作排演了众多优秀节目。

在满足大学生艺术团训练的同时，基地也为学院艺术课程的开展提供了重要场所。

图8-22　艺术团训练基地(1)

图8-23　艺术团训练基地(2)

图8-24　艺术团训练基地(3)

图8-25　艺术团训练基地(4)

四、学生社团活动基地

重庆工程职业技术学院学生社团活动基地是重庆工程职业技术学院学生社团联合会开展活动、组织会议、进行学习的主要场所，也是全院社团开展经验交流、组织社团活动的重要场所。活动基地包括会议室和活动室，可同时满足会议、学习以及小型活动的开展。为保证活动基地能够正常发挥功能，建立了活动基地的规章制度，规范了活动基地的管理和使用。

同时，活动基地在整个社团活动的组织策划及总结过程中起到了办公支撑的作用，社团联合会以及各社团能够通过这一平台共同协商、协调活动过程当中的具体事宜，为各项活动的顺利有序开展提供了保障。

图 8-26　学生社团活动基地

五、公寓学习活动室

为了进一步丰富学生寝室文化生活，重庆工程职业技术学院在所有学生公寓均设置了公寓学习室和公寓活动室，并配置了相关学习资料、学习设备和活动设施。公寓学习室和公寓活动室现已成为广大学生课余文化生活的重要场所，在推动校园文化建设中发挥着重要作用。

图 8-27　学生公寓学习室(1)

图 8-28　学生公寓学习室(2)

图 8-29　学生公寓学习室(3)

图 8-30　学生公寓学习室(4)

图 8-31　学生公寓活动室(1)

图 8-32　学生公寓活动室(2)

第三节　学生素质教育基地建设

为了“整合校外资源，构建立体基地”，本着将“基地延伸到校外，拓展基地规模和功能”的理念，重庆工程职业技术学院先后与重庆中梁山煤电气有限公司、重庆红岩联线文化发展管理中心、重庆渝宁苏宁电器有限公司、重庆库区(开县)团委分别共建了学生职业德育教育基地、学生就业创业基地、学生社会实践基地等校外素质教育基地。

一、学生职业德育教育基地

为了积极构建高职学生职业道德素质教育长效机制，培养学生刻苦钻研、乐于奉献、爱岗敬业的精神，重庆工程职业技术学院与重庆红岩联线文化发展管理中心等单位签约共建了学生职业道德教育基地，现已成为学生开展职业素质教育的重要阵地。

图 8-33　共建学生职业道德教育基地签约仪式(1)

图 8-34　共建学生职业道德教育基地签约仪式(2)

图 8-35　学生职业道德教育基地开展活动情况(1)

图 8-36　学生职业道德教育基地开展活动情况(2)

二、学生就业创业基地

为了进一步推动学生就业工作，增强学生创新、创业能力，重庆工程职业技术学院与重庆渝宁苏宁电器有限公司等单位签约共建了学生就业创业基地，在学生职业素质教育活动中发挥着重要的作用。

图 8-37 **学生就业创业基地共建签约仪式(1)**

图 8-38 **学生就业创业基地共建签约仪式(2)**

图 8-39 **学生就业创业基地(1)**

图 8-40 **学生就业创业基地(2)**

三、学生社会实践基地

为了促进高职学生进一步了解国情、市情、民情，积极引导学生在实践中接受锻炼，培养信念坚定、知行合一的高端技能型人才，重庆工程职业技术学院与重庆开县团委等单位签约共建了学生社会实践基地，在增强学生社会实践能力和拓展学生职业素质等方面发挥着重要作用。

图 8-41 **学生社会实践活动开展情况(1)**

图 8-42 **学生社会实践活动开展情况(2)**

图 8-43 学生社会实践活动开展情况(3)

图 8-44 学生社会实践活动开展情况(4)

重庆工程职业技术学院通过学生职业素质教育网络平台建设，培养和提高了学生学习自觉性，加强了学习交流，营造了良好学习氛围，促进了校风、学风建设，推动了素质教育全面化、系统化、规范化实施，有利于全面构建学生职业素质教育体系。

通过对公寓文化、校园文化和宣传平台的建设，构建安全、文明、和谐的校园环境，为提高学生文化艺术修养和思想道德水平提供了重要保障，对深入开展学生职业素质教育有重要意义。

通过完善和扩充校内外教育基地，推广和宣传学院形象，推动校内外优秀文化的融合，促进校内外各种教育资源的有效整合，为学生职业素质教育开辟了更广阔的空间。

重庆工程职业技术学院通过学生职业素质教育平台与基地的建设，成功构建了“四结合”(虚实结合、单综结合、专通结合、校企结合)的职业素质教育立体平台，通过“分类别、多层次、全方位”的目标推进，实现了平台基地教育作用“全覆盖”，为学生职业素质教育活动的开展和学生综合素质的培养提供了有力的支持和保障。

第九章　活动的组织与实施

我国职业素质教育的系统研究起始于20世纪90年代，经过近20年的探索，在理论研究领域已取得了大量令人欣喜的成果，然而，在办学实践中，创立出完备、实用的职业素质教育体系的成功经验却还不多。重庆工程职业技术学院始建于1951年，学校于2007年成功申报为国家示范高职院校建设单位；2010年，学校顺利通过教育部、财政部验收，被列为全国100所示范高职院校。

在国家示范高职院校的建设过程中，学校将学生职业素质教育单列为9项建设项目之一，该项目于2007年立项，由重庆市财政投入170万元进行建设，项目组成员历经三年探索研究和不懈努力，探索出了面对煤炭行业的职业素质教育体系和模式——"一体两翼"的职业素质教育体系和"三全三结合"职业素质教育模式，并获得较好的成效。以下内容以重庆工程职业技术学院学生职业素质教育工作为例，展示部分建设成果，供兄弟院校和同行借鉴、参考。

第一节　学生职业素质拓展活动方案设计

一、指导思想

学生职业素质拓展活动要全面贯彻党的教育方针，坚持育人为本、德育为先，以提高高职教育质量、培养高素质技能人才为目标，以促进学生成长成才为动力，充分发挥各项素质教育活动载体的作用，把社会主义核心价值体系融入职业素质教育的全过程，促进学生全面发展，让学生成为受社会欢迎的高素质技能型人才。

二、工作目标

重庆工程职业技术学院学生素质教育工作以提高学生职业能力和职业素养为目标，重点建设学生职业素质分层教育实施体系，促进学生就业竞争力和事业发展潜力的提高。学生职业素质教育以"五个素质模块训练"为途径，努力使学生职业素质教育工作形成良好的"育人环境、育人队伍、育人机制、育人工作措施"氛围，使学生在校期间思想政治素质、职业素养、技能水平、身体和心理素质、创新意识和实践能力全面提升，成为具有高尚情操、较高职业素质和职业能力的优秀技能人才。

三、工作内容

（一）职业素质教育与专业兴趣培养模块训练

这一模块主要针对大学一年级第一学期的新生，在学生入学后重点进行军训法治教育、文明守纪教育、专业兴趣培养和自信心教育等，为他们的大学生活和今后职业生涯打下基础。

主要内容和措施包括：

1.以军训必修课为主体的大学生行为教育活动。严格军训目标，增加训练科目，加大训练强度，培养学生吃苦耐劳精神。由军训教官对学生进行内务整理规范教育，开展文明寝室创建活动，定期开展学生公寓的检查评比，使学生养成良好的生活习惯。

2.讲文明、树新风教育。举办以“学校是我家”为主题的新生教育活动，促进学生树立良好的学习、生活习惯，营造良好的讲文明、讲礼仪氛围。

3.加强新生遵守学校规章制度的教育，组织学习日常管理制度、奖惩规定等，使学生规范日常行为，遵守学校各项规章制度。

4.以专业兴趣培养为主题的入学系列教育活动。举办“成功校友回母校”新生入学教育报告会。请学院历届优秀毕业生代表回母校，讲述他们成长、成才、成功的经历，激发学生学习积极性、自信心，为学生树立进取的目标。

5.对新生开展专业认知教育，组织学生参观校内外实训基地，使学生对所学专业、专业发展动态、岗位技能需求有所了解，明确未来职业发展状况，提出学习目标。

6.对学生进行校情教育。以参观校园、校史展览等形式对学生进行校园文化教育，使学生了解学校办学历史、了解学校的文化。

7.指导学生进行职业生涯设计。通过专业认知教育、专业认知实习、参观企业和接受专业导师指导，在对专业初步认知、了解专业人才培养目标、自我价值进行定位的基础上，结合个人特质评估，草拟一份个人职业生涯规划。

(二)团队精神与社会认知能力模块训练

这一模块主要针对大学一年级第二学期的学生，重点是进行团队精神培育和社会认知能力训练。通过创建先进团支部、优秀学生组织、社团组织等系列优秀组织，培育学生的团队精神和增强与他人合作的意识；通过开展班级、青年志愿者社区服务和暑期社会实践等活动，提高学生的人际交往能力、活动策划能力和组织管理能力。

主要内容和措施包括：

1.开展争先创优活动，增强团队精神。

通过五四表彰评选先进团支部、优秀学生组织、社团组织，增强学生集体荣誉感；利用主题团课、主题班会开展培育团队精神的讨论，增强学生团体协作意识。

2.开展社会认知活动。

组织青年志愿者进社区志愿服务、学生暑期社会实践等活动，提高学生社会认知能力。要求每位学生至少参加一次社会实践活动，并提交社会实践心得体会，让学生对社会有初步认识。

3.进行职业生涯规划。

通过志愿服务、社会实践等社会认知活动，组织学生在自我认知的基础上，结合对专业的认识和兴趣，制订一份适合自己的职业生涯规划。

(三)职业心理与职业素质模块训练

这一模块主要是针对大学二年级第一学期的学生。良好的职业心理和较高的职业素质是事业取得成功的必要条件，要通过学生团学活动、各种竞技比赛，培养学生良好的职业心理、职业素质和竞争意识。

主要内容和措施包括：

1.培育良好的职业心理和职业素质。

2.指导学生进行自我认识训练和成功自信心训练，开展心理健康知识讲座，鼓励学生参加各种竞技比赛，让学生掌握必要的心理调适方法，培养学生不怕挫折、积极向上的良好心理品质和健全的人格修养，使学生具备社会用人单位所需、人才必备的健康心理素质。

3.培育良好的竞争意识。

以各级各类团学活动为载体，支持和鼓励学生参加文艺、体育、演讲、写作、创作发明、特长展演等各级各类竞技比赛，加强学生职业综合素质与能力训练，养成职场竞争意识。

4.修改职业生涯规划。

对照拟定的生涯规划，结合自身特长、兴趣爱好，有针对性地加强职业所需技能训练，弥补职业生涯规划中所欠缺的基本素质，在自我认知基础上，对生涯规划进行适应性调整。

(四)职业道德教育与职业技能模块训练

这一模块主要是针对大学二年级第二学期的学生，以加强学生职业道德教育为基础，重点是加强学生职业技能训练，提高职业技能水平。

主要内容和措施包括：

1.加强职业道德教育。

开设职业道德教育选修课，结合专家讲座、知识竞赛、社会调查等手段，对学生进行职业道德、诚信品质、敬业精神、责任意识的灌输，帮助学生树立正确的职业观，培养其良好的职业道德意识。

2.提高职业技能水平。

集中开展职业技能竞赛，提高学生的职业技能水平。组织学生参加各级各类专业技能、科技创新能力竞赛；组织学生参加科技发明设计、科研学术研究；组织学生参加专业技能等级考试，取得相应资格证书。

3.参加职业岗位顶岗实习。

利用节假日和暑期时间，组织学生到职业相近的岗位或职业岗位上顶岗实习，结合职业岗位的需求和自身技能水平情况，及时弥补欠缺的职业技能，提高职业竞争力和后续发展潜力。

4.拟定适合自身发展的职业生涯规划。

对大学学习、自身发展状况进行总结，对自我进行再认识、再评估，检验自己确立的职业目标准备是否充分，根据自身的兴趣、具备的能力、深造的专业和社会发展趋势，对职业生涯规划进行一次全面修订，制订一份适合终生发展的职业生涯规划。

5.做好就业准备。

在进一步加强专业学习的基础上，引导学生关注就业信息和就业政策，适时增加相应的就业技能训练和进行就业心理准备调适。

(五)毕业教育与就业技巧模块训练

这一模块主要是针对大学三年级第一学期的学生，重点开展毕业专题教育与就业技巧训练，为学生毕业就业打下基础。

主要内容和措施包括：

1.开展毕业专题教育。

对毕业生开展职业指导讲座，宣传就业政策、法规、就业形势等，指导学生做好就业前期准备，保持良好的就业心态，在结合个人兴趣和专业特长的前提下做出符合自身发展的职业生涯选择。

2.组织就业技巧训练。

指导学生提高就业技巧，教会学生如何写求职信、如何制订求职计划以及如何进行个人形象设计等，让毕业生掌握必要的求职常识与技巧。

3.开展模拟竞职实战演习。

通过招聘会、面试情景模拟，对学生进行就业强化训练，提高学生就业实战能力，为就业做好充分准备。

第二节 学生职业素质拓展活动的实施

一、引导学生开展职业生涯规划设计

1.工作目标：引导学生开展职业生涯规划设计，就是要引导学生树立职业生涯意识，客观认识就业形势，明晰所学专业的发展方向和需具备的职业素养；在自我认知的基础上树立正确的职业理想和择业观念，科学规划个人职业生涯；了解国家和各级政府的就业创业政策，激励学生自主创业，培养大学生创新、创业意识和能力；掌握必要的求职择业方法和技巧，正确选择职业发展方向，为成才与发展奠定基础。

2.工作内容：在引导学生开展职业生涯规划设计上，重庆工程职业技术学院根据学生需要按内容分为 3 类，建立了 70 门专家课程，约 160 学时教学内容的学生职业素质教育网络课程库，学生可根据需要自行选择。

3.实施内容：为帮助学生更好地理解和掌握如何开展职业生涯规划，重庆工程职业技术学院建立了学生职业素质教育网络课程学习平台，并将学生职业素质教育网络课程学习列为在校期间必修学分，整体学时为 60 学时，学分共计 6 学分，学生在一、二、三年级期间按要求完成相应学习后，可获得相应学分。

(1)一年级要求：引导学生理性认识大学生活，正确认识成才与就业、成才与职业发展的关系，引导学生通过各种测试工具，科学实现自我认知，掌握职业信息获取的途径，进行科学择业决策，明确职业发展方向。引导学生树立职业生涯意识，了解职业生涯规划的基本理论和观点，掌握职业生涯规划设计的步骤，独立完成职业生涯规划书的撰写。

(2)二年级要求：指导学生掌握求职择业与升学考试的相关技巧，提高求职与升学的成功率；了解当前就业环境与各级政府的就业政策，引导学生树立正确就业观念；帮助学生树立创业意识，了解创业政策，掌握创业的基本知识。

(3)三年级要求：调整好就业心态，增强就业安全意识，正确认识社会，寻找最佳的职业岗位，实现人生目标。

二、学生职业素质教育活动示例

(一)职业生涯规划指导

图 9-1　班级骨干培训

图 9-2　职业生涯规划大赛

图 9-3　工作研讨与交流

图 9-4　阶段回顾与总结

(二)职业素质拓展活动

图 9-5　思想政治与道德修养(1)

图 9-6　思想政治与道德修养(2)

图 9-7　社会实践与志愿服务(1)

图 9-8　社会实践与志愿服务(2)

图 9-9　文化艺术与身心发展(1)

图 9-10　文化艺术与身心发展(2)

图 9-11　社团活动与社会工作(1)

图 9-12　社团活动与社会工作(2)

图 9-13　技能训练与科技创新(1)

图 9-14　技能训练与科技创新(2)

(三)职业素质测评

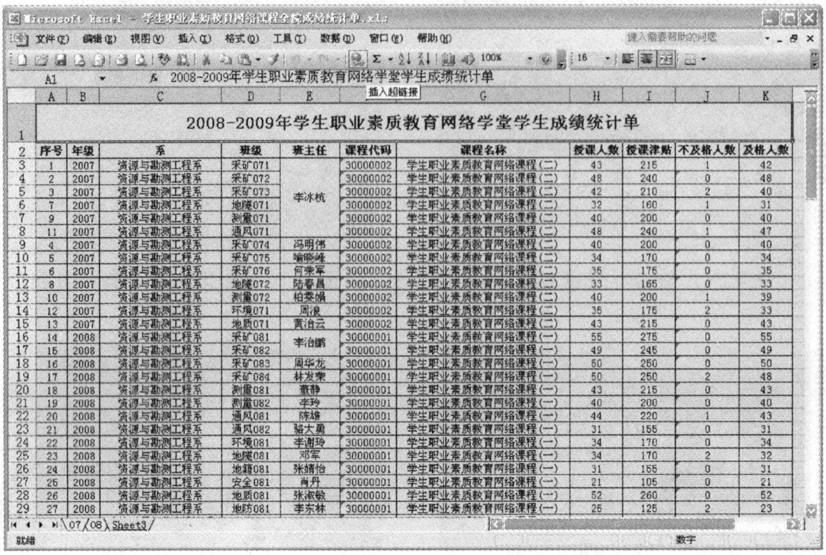

2008-2009年学生职业素质教育网络学堂学生成绩统计单

序号	年级	系	班级	班主任	课程代码	课程名称	授课人数	授课津贴	不及格人数	及格人数
1	2007	资源与勘测工程系	采矿071	李冰杭	30000002	学生职业素质教育网络课程(二)	43	215	1	42
2	2007	资源与勘测工程系	采矿072		30000002	学生职业素质教育网络课程(二)	48	240	0	48
3	2007	资源与勘测工程系	采矿073		30000002	学生职业素质教育网络课程(二)	42	210	2	40
7	2007	资源与勘测工程系	地隧071		30000002	学生职业素质教育网络课程(二)	32	160	1	31
9	2007	资源与勘测工程系	测量071		30000002	学生职业素质教育网络课程(二)	40	200	0	40
11	2007	资源与勘测工程系	通风071		30000002	学生职业素质教育网络课程(二)	48	240	1	47
4	2007	资源与勘测工程系	采矿074	冯明伟	30000002	学生职业素质教育网络课程(二)	40	200	0	40
5	2007	资源与勘测工程系	采矿075	喻晓峰	30000002	学生职业素质教育网络课程(二)	34	170	0	34
6	2007	资源与勘测工程系	采矿076	何荣军	30000002	学生职业素质教育网络课程(二)	35	175	0	35
8	2007	资源与勘测工程系	地隧072	陆春昌	30000002	学生职业素质教育网络课程(二)	33	165	0	33
10	2007	资源与勘测工程系	测量072	柏雯娟	30000002	学生职业素质教育网络课程(二)	40	200	1	39
12	2007	资源与勘测工程系	环境071	周浪	30000002	学生职业素质教育网络课程(二)	35	175	2	33
13	2007	资源与勘测工程系	地质071	黄治云	30000002	学生职业素质教育网络课程(二)	43	215	0	43
14	2008	资源与勘测工程系	采矿081	李治鹏	30000001	学生职业素质教育网络课程(一)	55	275	0	55
15	2008	资源与勘测工程系	采矿082		30000001	学生职业素质教育网络课程(一)	49	245	0	49
16	2008	资源与勘测工程系	采矿083	周华龙	30000001	学生职业素质教育网络课程(一)	50	250	0	50
17	2008	资源与勘测工程系	采矿084	林发荣	30000001	学生职业素质教育网络课程(一)	50	250	2	48
18	2008	资源与勘测工程系	测量081	董静	30000001	学生职业素质教育网络课程(一)	43	215	0	43
19	2008	资源与勘测工程系	测量082	李玲	30000001	学生职业素质教育网络课程(一)	40	200	0	40
20	2008	资源与勘测工程系	通风081	陈雄	30000001	学生职业素质教育网络课程(一)	44	220	1	43
21	2008	资源与勘测工程系	通风082	骆大勇	30000001	学生职业素质教育网络课程(一)	31	155	0	31
22	2008	资源与勘测工程系	环境081	李谢玲	30000001	学生职业素质教育网络课程(一)	34	170	0	34
23	2008	资源与勘测工程系	地隧081	邓军	30000001	学生职业素质教育网络课程(一)	34	170	2	32
24	2008	资源与勘测工程系	地籍081	张婧怡	30000001	学生职业素质教育网络课程(一)	31	155	0	31
25	2008	资源与勘测工程系	安全081	肖丹	30000001	学生职业素质教育网络课程(一)	21	105	0	21
26	2008	资源与勘测工程系	地质081	张淑敏	30000001	学生职业素质教育网络课程(一)	52	260	0	52
27	2008	资源与勘测工程系	地防081	李东林	30000001	学生职业素质教育网络课程(一)	25	125	2	23

图 9-15　测评成绩统计

第三节　活动组织建设成效

一、校企融通,育砺苦谨信人

高职教育是与企业联系最紧密的教育类型,企业选才、用人乃至管理理念,已从更深更广的文化层面对高职学院职业素质教育提出了更高的要求。企业的需求就是我们对学生的要求,也是学生真正能得到发展的强大动力。

为培育砺苦谨信的煤炭行业技能型人才,重庆工程职业技术学院在拓展学生素质教育工作上的主要做法有:一是依托学校背靠煤炭的行业优势,与重庆能源集团、四川煤炭集团等的下属企业建立了多个职业素质教育基地,与企业共育学生;二是聘请煤炭行业领导、技术能手组成行业教育导师库,加强与校内师资的交流,共同引领我院学生成长成才;三是融通校企文化,通过宣传企业践行"贡献光热、追求卓越"的鲜活案例及丰硕成果,并开展各种活动使"砺苦谨信、技精图强"的理念进入学生的头脑、心灵,形成强大的动力,指导并推动学生行动;四是通过组织丰富多彩的文化活动,让学生了解企业和企业文化,将专业知识和未来的岗位对口,更深刻地认同"砺苦谨信、技精图强"的素质要求。

二、模式创新,育技精图强才

经过不断探索、总结和提炼,重庆工程职业技术学院在学生素质教育工作上逐步找到了一条适应学生成长成才的素质教育工作道路,形成了"三全三结合"素质教育工作模式,有效引领了学生成长成才。

"三全三结合"素质教育模式。其中,"三全"是指全覆盖(一是涵盖高职学生职业素质构成各要素,二是所有教职员工、企业指导人员都要发挥育人作用)、全方位(第一课堂课程教学、第二课堂校园活动、第三课堂社会实践全方位开展)、全过程(贯穿学生在校学习的整个期间);"三结合"是指校企结合(学生素质应满足用人单位的需求,学院依托行业企业联合培养学生的职业素质)、师生结合(教职员工是学生的榜样,素质教育也应做到教学互长)、知行结合(学生素质应体现在言行实践中,努力做到知行统一)。

"三全三结合"素质教育模式的主要内容借学院学习实践科学发展观活动纳入学院制度建设,并得到贯彻落实。

三、成果丰硕,探素质教育路

近年来,重庆工程职业技术学院学生职业素质教育工作取得了丰硕成果,仅以2009、2010年度统计为例,学校学生获得国家级奖励14项29人次,获市级奖励91项196人次,毕业生连续两年首次就业率均达到99%以上,"一体两翼"学生职业素质教育体系在学生职业素质培育上发挥了积极作用。

纵观以前的做法,素质教育往往被简单理解为吹拉弹唱、琴棋书画,第二课堂就成了素质教育的代名词,开展活动就是素质教育的全部。在进行示范院校项目的申报和建设中,学校认识到:素质教育不仅仅是开展活动,它还有丰富的内涵和宽广的外延。"一体两翼"职业素质教育体系,统筹兼顾素质教育各方面,做到"全面、协调、可持续"。

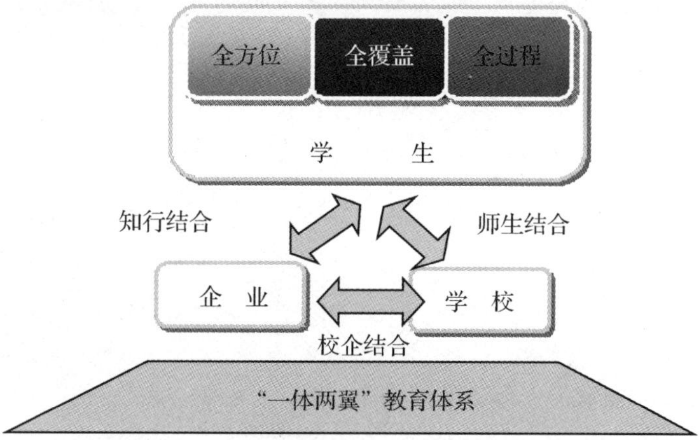

图9-16　职业素质教育各主体关系示意图

一方面我们建立起"理论实践一体化"的素质教育活动新模式,即以理论研究作为先导,将先进的理念落实到素质拓展活动方案设计中,并通过活动的实施检验理论,按照"理论指导实践、实践检验理论"的工作环节不断提高理论认识水平和活动开展实效;另一方面我们建立了"队伍平台双保障"的素质教育长效机制,促进职业素质教育制度化、规范化、常态化,做到管理有制度、引导有师资、学习有平台、活动有基地。

四、活动开展显特色

根据学校对学生素质教育工作的总体规划,近年来,学校开展的职业素质拓展活动针对性更强,市级、院级、系级品牌素质拓展活动建设成效显著,取得了丰硕成果。在学生职业素质活动组织实施上,突显的特色有:

1.系统制定了《重庆工程职业技术学院学生职业素质教育活动实施方案》,首次在重庆市高职院校中提出对学生进行职业素质模块训练的方法,学生从进校到毕业都能够参加系统的职业素质模块训练。

2.2008年学校100余名大学生利用暑期赴开县宣传改革开放30年成就，活动团队被中宣部、中央文明办、教育部、共青团中央、全国学联联合授予“全国先进团队”的称号，是学校历年大学生暑期“三下乡”活动中获得的最高荣誉，学生在暑期社会实践活动中了解了社会，增长了见识。

3.形成了“‘技能之星’学生职业技能大赛”和“校园文化艺术节”两项校级品牌素质拓展活动。“‘技能之星’学生职业技能大赛”主要引导学生加强专业技能训练，增强动手能力；“校园文化艺术节”主要引导学生加强艺术修养，提高审美情趣。两项活动在全校产生了较强影响力和吸引力，深受学生欢迎。

4.在学校成功举办大学生职业生涯规划设计大赛基础上，把引导大学生开展职业生涯规划设计活动向全市高校推广。2009年5月，学校成功举办重庆市大学生职业生涯规划设计大赛，活动吸引了重庆大学、西南大学等全市34所高校的357名选手参加，引导了全市大学生增强职业规划意识。

5.2008年5月，重庆工程职业技术学院组织全市14所职业院校学生来校进行专业技能动手能力竞赛和技能展示活动，进一步激发了职业院校学生加强专业技能动手能力训练的热情，活动被《重庆日报》等市内媒体广泛报道，产生了良好的社会效应。

附　重庆工程职业技术学院学生职业素质教育管理文件

学生职业素质教育机构及队伍工作职责

第一条　为给我院学生职业素质教育工作提供充分的组织队伍保障，进一步明确学生职业素质教育相关机构和队伍的工作职能与工作任务，推动学生职业素质教育体系的建设，特制定本工作职责。

第二条　学生职业素质教育领导小组工作职责。

（一）全面领导学院学生职业素质教育工作，协调涉及学生职业素质教育的重大事项；

（二）研究制定学生素质教育各项方案；

（三）部署学生素质教育相关工作任务；

（四）研究决定职业素质教育工作中的重大问题。

第三条　学生职业素质教育中心工作职责。

（一）学院职业素质教育中心在工作领导小组的领导下，组织、协调职业素质教育专家、校外导师、校内素质教育教师、职业素质教育支持人员四支队伍，具体组织并实施学院职业素质教育工作；

（二）根据学生职业素质教育工作的进展情况，提出建设性意见；

（三）健全完善相关规章制度，做好建设材料的收集整理和归档等工作。

第四条　学生职业素质教育专家委员会工作职责。

（一）研讨并审定学生职业素质教育相关工作规划，对学生职业素质教育整体规划提出意见和建议，指导学生职业素质教育体系建设；

（二）为教师、学生举办专题讲座、报告，提供国内外素质教育的最新信息；

（三）为学生职业素质教育体系建设提供理论指导；

（四）对学生职业素质教育相关方案和制度进行论证和审定；

（五）指导学生职业素质教育教材的编写和出版工作；

（六）规划建立学生职业素质教育相关长效机制。

第五条　学生职业素质教育校外导师团工作职责。

（一）定期进校开展职业素质教育活动，以自身的丰富阅历、精深见解和实干精神，发挥榜样示范作用，引领学生成长成才；

（二）协助建立校外职业素质教育基地，帮助开展校外职业素质教育活动；

（三）对学生职业素质教育体系建设规划、方案和相关制度提出意见和建议；

（四）协助参与学生职业素质教育教材的编写和出版工作；

（五）协助参与学生职业素质教育相关方案和制度的制订和论证。

第六条　校内学生职业素质教育校内教师库工作职责。

（一）指导组织各项日常学生职业素质教育活动的开展，帮助学生提高职业素质，引导学生成长成才；

（二）完成学生职业素质教育工作中学生骨干的培养工作；

（三）参与制订学生职业素质教育相关方案和制度的制定及相关理论研究工作；

（四）参与学生职业素质教育教材的编写和出版工作；

（五）参与校内职业素质教育基地的管理和使用。

第七条　学生职业素质教育技术支持组工作职责。

（一）为学生职业素质教育活动提供音响、影视等多媒体技术支持，保障活动顺利有效开展；

（二）完成学生职业素质教育活动影音记录资料的制作；

（三）协助完成学生职业素质教育活动后期宣传报道工作；

（四）完成学生职业素质教育中心和校内学生职业素质教育基地办公设备的日常维护工作；

（五）完成对学生技术支持人员的培训工作。

第八条　本办法由学生职业素质教育领导小组负责解释，自公布之日起生效。

2008 年 12 月 25 日

学生职业素质教育中心人员聘任及管理办法

第一条　为进一步推进学生职业素质教育体系建设，保证学生职业素质教育中心的正常运转，特制定本规定。

第二条　学生职业素质教育中心人员实行聘任制，任期一学年。

第三条　学生职业素质教育中心人员应同时具备以下条件。

（一）具有良好的政治素质。自觉坚持四项基本原则，拥护改革开放，认真贯彻执行党的路线、方针和政策。

（二）具有良好的道德修养。遵纪守法，乐于奉献，作风正派，不计个人得失，起先锋模范作用。

（三）具有强烈的工作责任感和较强的工作能力。工作认真负责，责任心强，有较强的组织管理能力、沟通协调能力和文字、口头表达能力。

第四条　学生职业素质教育中心人员配置。

（一）中心负责人由学生处、院团委负责人兼任；

（二）中心各部门负责人：由1名院内教师兼任，同等条件下示范建设学生职业素质教育体系建设子项目团队成员优先考虑，各系学生职业素质教育工作领导小组负责人原则上由系党总支书记担任；

（三）中心各部门工作人员：由2至3名学生担任工作人员。

第五条　学生职业素质教育中心各部门工作人员的聘用按如下程序进行。

（一）公布招聘信息。由学生职业素质教育中心向全院公布招聘的名额、资格条件、考核时间和其他有关事项；

（二）学生自愿报名。凡符合条件的学生可向学生职业素质教育中心提出个人申请，填写学生职业素质教育中心人员报名登记表；

（三）资格审查考核。学生职业素质教育中心依据聘用条件对报名人员进行资格审查和全面考核，按照择优选拔的原则确定聘任人选，报学生职业素质教育领导小组复核；

（四）聘任。学生职业素质教育领导小组复核后进行公示，公示无异议的，签署审批聘用意见，学生职业素质教育领导小组备案后发给聘书；

（五）培训上岗。学生职业素质教育中心人员被审批聘用后，经学院学生职业素质教育中心培训后才能上岗。

第六条　本规定由学生职业素质教育领导小组负责解释，从颁布之日起施行。

2008年12月25日

学生职业素质教育中心部门工作职责

第一条　学生职业素质教育中心是具体负责全院学生职业素质教育活动日常管理的工作机构，为明确各部门职责，制定本部门工作职责制度。

第二条　学生职业素质教育中心接受学生职业素质教育工作领导小组的领导，中心设置办公室、对外联络部、活动管理部、技术服务部和各系学生职业素质教育工作领导小组等工作部门。

第三条　各部门职责如下。

（一）办公室负责中心日常事务的处理、办公场所和设施的日常管理和维护、中心工作人员的日常联络和管理、会议的组织和召集、文件文档的管理等，并对其他部门开展的工作提供必要的后勤保障和支持；

（二）对外联络部负责专家委员会专家和校外导师团导师的日常联络、专家委员会会议的组织和召集、校外导师进校辅导的组织、学生职业素质教育基地的联系、校内师资库和技术支持团队成员的学习培训等相关工作；

（三）活动管理部负责各项学生职业素质教育活动的组织实施和管理工作；

（四）技术服务部负责职业素质教育专用多媒体设备维护、职业素质培养网络平台的管理及维护以及校园文化建设平台的管理及维护；

（五）二级院系学生职业素质教育工作领导小组负责结合本系专业需求开展具有针对性和专业特色的职业素质教育、聘请所需的职业素质教育导师。

第四条　本办法由学生职业素质教育中心负责解释，自颁布之日起实施。

2009 年 3 月 18 日

学生职业素质教育师资队伍管理办法

第一条　为长期有效地开展学院学生职业素质教育，加强学生职业素质教育师资队伍建设和管理，切实保证学生职业素质全面提升，结合我院实际情况，特制定本办法。

第二条　学生职业素质教育师资队伍的建设目标：形成并长期拥有一支专兼职结合、校内外互补、经验丰富的职业素质教育工作团队。分别组建指导专家、校外导师团、校内师资库、技术支持组四支队伍，分工完成学生职业素质培养的教育与引导、组织与实施、技术支持、后勤保障等工作。

第三条　学生职业素质教育师资聘任条件及聘用办法。

（一）专家委员会聘任条件及办法。

专家委员会成员应是在学生职业素质教育方面具有一定造诣的专家或学者，能够对我院学生职业素质教育活动的总体规划与实施进行科学的指导。

专家委员会计划聘请专家5人左右，经学生职业素质教育领导小组推荐后报学院审批，通过后印发正式文件予以聘用。

（二）校外导师团聘任条件及办法。

学生职业素质教育校外导师团师资成员须为从事高等学校学生职业素质教育的资深教育工作者或各行业杰出代表，能以其丰富阅历、精深见解或实干精神，发挥榜样示范作用，引领学生成长成才。如大学生生理心理健康教育专家，大学生思想德育教育专家，大学生职业生涯规划指导专家，人文素质教育专家，资深司法工作者，扎根矿山企业的教育工作者，各行业精英管理层、技术能手和劳动模范等。

校外导师团成员长期聘用10人左右，经学生职业素质教育领导小组推荐后报学院审批，通过后印发正式文件予以聘用。

（三）校内师资聘任条件及办法。

校内师资库由校内从事学生职业素质教育的专兼职教师组成。校内师资库成员由学生职业素质教育领导小组推荐后报学院审批并登记备案。

（四）技术支持团队聘任条件及办法。

技术支持团队主要聘任校内外职业素质教育支持人员（老师或学生均可），被聘人员能独立完成音像器材装配与操作、现场摄录与直播、后期宣传与制作等任务，为学生职业素质教育活动提供必要的现代教育技术支持。

技术支持团队成员长期聘用10人左右，由学生职业素质教育领导小组推荐后报学院审批并登记备案。

第四条　学生职业素质教育师资职责。

（一）遵守本管理办法，积极宣传学院学生职业素质教育工作，按期完成指派教育任务，确保工作质量。

（二）认真钻研学生职业素质教育方式方法，努力提高自身指导学生能力，广泛了解学生动向，积极向中心建言献策，提出学院开展学生职业素质教育存在的问题和发展想法。

（三）遵守《学生职业素质教育师资培训管理办法》，积极参加中心组织的各种培训及外出参观考察活动。

第五条　学生职业素质教育师资工作质量监督管理。

由学生职业素质教育领导小组对所聘用的校内学生职业素质教育师资实施考核评估，对优秀的给予表彰奖励，对不合格的解除聘用。

专家和校外导师长期不履行职责的，由学生职业素质领导小组核实后解除聘用。

第六条　本规定由学生职业素质教育领导小组负责解释，从颁布之日起施行。

2008 年 12 月 25 日

学生职业素质教育校内师资培训管理办法

第一条　为切实加强我院学生职业素质教育校内师资队伍培训的管理，明确职业素质教育受训教师的权利及义务，实现培训进修的预定目标，将我院学生职业素质教育师资队伍建设成为具有全国示范效应的高水平队伍，特制定本办法。

第二条　宗旨及原则。

师资培训工作以建设具有良好思想品德和业务素质的教师队伍，全面提高教师的职业素质和教育教学水平以及科学研究能力为宗旨，坚持按需培训、学用一致、注重实效和多种形式并举的原则。

第三条　培训条件。

1.师资培训工作须在不影响正常的教学、科研、管理的前提下有计划、有步骤地进行，培训计划的制订须符合学院学生职业素质教育工作的实际需要；

2.参加培训的教师，须是由学院聘任的职业素质指导教师、工作人员或技术支持人员；

3.培训内容原则上须与参加培训的教师所从事的教学工作和研究方向对口；

4.培训单位主要是在职业素质建设方面处于领先地位的院校、厂矿企业、科研单位及国家认证的培训机构。

第四条　培训形式。

校内学生职业素质教育师资培训形式包括：

1.各类学术会议、学术交流和讲学；

2.各种职业资格师培训；

3.到企业、厂矿第一线挂职锻炼；

4.到具有国家认证资格的相关培训机构在职培训。

第五条　考核与管理。

1.学院相关部门要主动关心外出培训人员的思想、学习和生活，并积极配合接收培训的单位做好管理工作；

2.参加了外出培训的人员应在培训结束后返校履职，并担任学生职业素质教育指导教师(或技术支持人员)2年以上。

第六条　师资培训费用管理。

师资培训所需费用严格按照学院相关要求，由学生职业素质教育师资培训费用专项支出。

(一)费用的报销。

费用报销严格按照学院相关费用报销政策的规定进行报销。

(二)有下列情况之一的，不予报销培训费用：

1.无正当理由，未完成培训任务的；

2.未经学校批准随意改变培训计划的；

3.培训期间严重违反国家法律、法规和政策及学校纪律的；

4.师资培训计划外的培训。

第七条　本规定自颁布之日起执行，由学生职业素质领导小组负责解释。

2008年12月25日

学生职业素质教育校内指导教师聘任及管理办法

第一条　聘任要求。

1.热爱聘任岗位，责任感强；

2.具有聘任岗位必需的专业素质；

3.每学期从事岗位教学指导工作（含带队参加比赛等实践工作）原则上不低于16学时。

4.具体上课时间根据本人工作安排和学生课余时间段由受聘老师自行确定，但指导时间段须相对固定；上课教室由教务处统一协调，需要艺术团训练基地、学生活动中心的由学院团委统一协调。

第二条　指导教师待遇。

1.指导教师的补贴原则上参照学院课时费于学期末由学生工作部造册发放；

2.指导教师带队参加各类比赛，差旅费用按学院短途、长途差旅报销办法报销，并给一定金额的补贴；

3.指导教师指导的学生团体参加市级以上比赛获奖的，按参赛级别、获奖等级给予物质奖励和精神奖励。

第三条　指导教师基本考核办法。

（一）教学成果展示。

指导教师指导的团体原则上每学期应有一次成果展示，以展示教学成果；指导教师应积极组织所指导的学生参加各级各类比赛，力争取得优异成绩。

（二）教学效果检查。

1.指导教师工作时间的考核由学生职业素质教育领导小组安排人员进行记载，并将工作时间考核情况告知教师；

2.指导教师工作质量的考核由学生职业素质教育领导小组安排工作人员进行抽查，抽查的方式为现场观摩和听取学生反馈意见两种，检查考核结果应告知指导教师，便于指导教师了解上课效果，及时总结和调整指导内容。

第四条　本办法由学生职业素质教育领导小组负责解释，自公布之日起实施。

2008年12月25日

校外学生职业素质教育基地管理办法

第一章　总则

第一条　为长期有效地开展学院学生职业素质教育活动，推动我院校外学生职业素质教育基地（以下简称基地）的稳步发展，提升我院校外学生职业素质教育基地的建设与管理水平，特制定本办法。

第二条　本办法所涉及的重庆工程职业技术学院校外学生职业素质教育基地是指具备一定条件、能够为我院在校学生提供校外职业道德教育、就业创业实践和社会实践机会的相关场所、机构或组织，是我院学生受教育、长才干、做贡献的有效平台。

第三条　我院校外学生职业素质教育基地分为职业道德教育基地、就业创业实践基地和社会实践基地。

第二章　校外素质教育基地的基本职能

第四条　职业道德教育基地应能够为我院学生提供职业道德培训或学习机会，了解学生的职业素质教育的情况，给予适当的指导。

第五条　就业创业实践基地应能够为我院学生提供就业创业实践岗位和需求信息，保护学生就业创业期间的基本权利，提供适当的技术人员、管理人员参与指导。

第六条　社会实践基地应能够为我院学生提供实践机会或实习岗位，保障我院学生安全，对促进学生成长成才具有积极意义。

第三章　管理与维护

第七条　校外学生职业素质教育基地应与学院签订正式合作协议，进一步明确双方的权利与义务。

第八条　日常管理、相关协议内容的修订、完善和实施工作由学院和基地共同承担。

第九条　校外学生职业素质教育基地应根据本单位实际情况，制定相应的规章、制度，明确对学生的具体要求。

第十条　校外学生职业素质教育基地应为学生安排指导教师或具体联系人。

第十一条　校外学生职业素质教育基地应按国家的有关规定对学生实践期间的人身安全及劳动保障等事宜，在双方协议中予以明确。

第十二条　参加校外职业素质教育实践的学生须遵守实践基地的规章、制度，认真参加实践活动。

第十三条　校外学生职业素质教育基地运行过程中所涉及其他具体工作由基地与学院协商决定。

第十四条　学生在实践教育过程中的科研成果，包括专利、论文、调查、报告等知识产权归重庆工程职业技术学院所有。

第四章　附则

第十五条　对于校外学生职业素质教育基地建设和管理过程中表现突出的集体和个人，经学院考核后将给予一定精神和物质奖励。

第十六条　本办法由学院学生职业素质教育领导小组负责解释，本办法自公布之日起执行。

2008年12月25日

学生职业素质教育中心管理办法

第一条　为规范学院学生职业素质教育中心(以下简称中心)办公室的管理与使用,特制定本管理办法。

第二条　钥匙管理。

1.学生职业素质教育中心钥匙只能由中心办公室专人管理,不得私自外借;

2.学生职业素质教育中心开启和关闭由当天值日的中心办公室成员负责;

3.学生职业素质教育中心各个柜子的钥匙只能由中心办公室负责人管理。

第三条　人员管理。

1.中心办公室各成员应按值日表按时值班,不得无故迟到、早退;

2.办公室成员应按分配的任务有序、协调地开展工作,不得马虎、拖沓、推诿;

3.办公室成员应该实事求是,对不明确的信息,严禁随意传播;

4.办公室成员应有强烈的时间观念和责任心;

5.办公室成员应积极配合其他各部门的工作,不得推诿、拖沓;

6.办公室成员必须对各部门例会内容保密。

第四条　书刊管理。

1.中心所有书刊杂志必须登记在册;

2.新到的书刊杂志必须马上登记;

3.借阅中心存放的书刊、杂志,须在中心学生职业素质教育中心书刊杂志借阅登记表上登记,并如期归还。

第五条　电脑管理。

1.学生职业素质教育中心的电脑密码由中心负责人和办公室成员掌握;

2.未经中心负责人或办公室负责人同意,其他组织成员不得私自动用中心电脑;

3.中心电脑不得用于非工作用途。

第六条　活动物资管理。

1.中心办公室当天值日人员负责对中心活动物资的管理;

2.中心所有活动物资必须登记在册;

3.凡需借用中心活动物资的组织或个人,须在中心物资借记表上登记,并如期归还;

4.物资一旦借出,借用人须对物资全权负责;

5.借用中心活动物资逾期未归还者,必须做书面说明,解释原因;

6.凡无故损坏、丢失中心物资者,一律照价赔偿;

7.凡需借用中心的组织,必须提前至少 1 天在学生职业素质教育中心预定登记表上登记;

8.中心办公室定期对中心活动物资进行清点。

第七条　文件管理。

1.中心各部门开展的活动结束后,须把活动相关资料交一份到中心存档;

2.中心档案柜除非经院学生会办公室主任允许,任何人不得擅动;

3.若找寻档案文件须向院学生会办公室主任申请。

第八条　卫生管理。

1.中心成员应自觉维护各自办公室的清洁卫生，如发现纸屑、果皮等垃圾应及时清扫；

2.中心的清洁由当天院学生会办公室值日人员完成；

3.中心每周进行一次大扫除，大扫除由院学生会主席团安排轮值部门完成。

第九条　附则

1.本条例自公布之日起生效；

2.本条例由学院职业素质教育领导小组负责解释。

2009 年 12 月 9 日

学生社团活动基地管理办法

第一条　为规范学院学生社团活动基地(以下简称基地)的管理与使用,特制定本办法。

第二条　钥匙管理。

(一)学生社团活动基地钥匙只能由基地办公室成员管理,不得私自外借;

(二)学生社团活动基地开启和关闭由当天值日的基地办公室成员负责;

(三)学生社团活动基地各个柜子的钥匙只能由基地办公室负责人管理。

第三条　人员管理。

(一)基地办公室各成员应按值日表按时值班,无故不得迟到、早退;

(二)基地办公室成员应按分配的任务有序、协调地开展工作,不得马虎、拖沓、推诿;

(三)基地办公室成员应该实事求是,对不明确的信息,严禁随意传播;

(四)基地办公室成员应有强烈的时间观念和责任心;

(五)基地办公室成员应积极配合其他各部门的工作,不得无故推诿、拖沓;

(六)基地办公室成员必须对各部门例会内容保密。

第四条　书刊管理。

(一)基地所有书刊杂志必须登记在册;

(二)新到的书刊杂志必须马上登记;

(三)如需借阅基地存放的书刊、杂志,须在基地学生社团活动基地书刊杂志借阅登记表上登记,并如期归还。

第五条　电脑管理。

(一)学生社团活动基地的电脑密码由基地负责人和办公室成员掌握;

(二)未经基地负责人或办公室负责人同意,其他组织成员不得私自动用基地电脑;

(三)基地电脑不得用于非工作用途。

第六条　活动物资管理。

(一)基地办公室当天值日人员负责对基地活动物资的管理;

(二)基地所有活动物资必须登记在册;

(三)凡需借用基地活动物资的组织或个人,须在基地物资借记表上登记,并如期归还;

(四)物资一旦借出,借用人须对物资全权负责;

(五)借用基地活动物资逾期未归还者,必须做书面说明,解释原因;

(六)凡无故损坏、丢失基地物资者,一律照价赔偿;

(七)凡需借用基地的物资,必须至少提前1天在学生社团活动基地预定登记表上登记;

(八)重庆工程职业技术学院所有师生皆有义务爱惜办公室内一切物品;

(九)基地活动物资不得用于非学生活动;

(十)基地办公室定期对基地活动物资进行清点。

第七条　文件管理。

(一)基地各部门开展的活动结束后,须把活动相关资料交一份到基地存档;

（二）基地档案柜除非经院学生会办公室主任允许，任何人不得擅动；

（三）若找寻档案文件须向院学生会办公室主任申请。

第八条　卫生管理。

（一）基地成员应自觉维护各自办公室的清洁卫生，如发现纸屑、果皮等垃圾应及时清扫；

（二）基地的清洁由当天院学生会办公室值日人员完成；

（三）基地每周进行一次大扫除，大扫除由院学生会主席团安排轮值部门完成。

第九条　附则。

（一）本条例自公布之日起生效；

（二）本条例由学院职业素质教育领导小组解释。

2009年12月9日

学生活动中心管理办法

第一条　学生活动中心(以下简称活动中心)是我院学生开展校园文化活动的重要场所,是学院开展“人文校园”建设的重要基地。为更好地发挥活动中心在丰富校园文化生活、促进学院建设上的作用,特制定本办法。

第二条　活动中心使用总则。

(一)活动中心由学生职业素质教育中心委托院团委统一管理,协调使用;

(二)院团委负责活动中心日常使用管理和维护,后勤部门负责设施设备的维修;

(三)活动中心针对系级以上活动开放;

(四)活动中心实行登记使用制度,以重大活动优先、先学院后系部为原则。并由院团委安排助理负责登记及相关资料的归档;

(五)使用单位必须如实填写学生活动中心使用申请表(见下页附件)的各项内容,并提交活动的相应策划和应急预案。

第三条　活动中心使用与归还。

(一)使用活动中心前需到团委进行场地使用情况查询,并领取学生活动中心使用申请表;

(二)团委助理根据申请表上时间提前60分钟开门,如有特殊要求,请使用者提前说明;

(三)活动完毕,团委助理在使用单位负责人在场的情况下清点活动中心设施是否完好,并记录具体情况。如有损坏,根据具体情况,使用单位承担相应责任,进行相应赔偿。同时双方签字确认。

第四条　设备使用与管理。

(一)音控室、播音间非工作人员禁入,严禁非工作人员操作灯光、音响设备;

(二)任何部门、任何个人不得擅自将活动中心的任何设备带离活动场地;

(三)活动组织方在灯光、音响方面如果有特殊要求,应提前告知操作人员;

(四)活动需要用的特殊设备(如连接投影仪的笔记本电脑,烟雾机等),使用单位应提前半天送交到活动中心,以提前进行设备的调试。

第五条　卫生管理与安全防范。

(一)使用单位在活动过程中应积极配合团委助理的工作,遵守学生活动中心的各项规章制度;

(二)使用单位开展活动,至少要有一名老师或活动负责人在现场值班维持秩序;

(三)保持中心的整洁,严禁吸烟,随地吐痰,乱丢果皮、纸屑和杂物。严禁乱贴、乱钉、乱挂以及在墙体上打洞钻孔。悬挂宣传横幅须按相关活动策划执行;

(四)组织活动时注意用电安全,禁止随意拉接临时电线;

(五)认真加强防火安全工作。强化安全防火意识,爱护、保养好各种消防器材,保证安全通道的畅通;

(六)使用单位必须担负起安全保卫及维护场内活动正常秩序的责任。本着“谁使用谁负责”的原则,若发生安全事故,由使用单位承担全责;

(七)活动结束后,举办单位应组织相关人员清洁场地,经团委助理验收后方可离场。

第六条　本办法由学生职业素质教育领导小组负责解释,自公布之日起实施。

2009 年 12 月 9 日

附：

学生活动中心使用申请表

使用单位：		
使用日期：	活动主题：	
活动人数：	联系人：	电话：
借用器材：		
申　请(活动目的、具体内容及方案)		
使用单位意见	院团委意见	
年　月　日	年　月　日	

学生艺术团训练基地管理办法

第一条 学生艺术团训练基地由学生职业素质教育中心委托院团委进行管理。专人管理钥匙和开关门，未经院团委同意并进行登记，任何人不得私自使用艺术团训练基地及其设备，钥匙不得私借他人。

第二条 院团委负责学生艺术团训练基地设备的管理，并安排专人助理对艺术团训练基地设备的借用进行监督和协助。

第三条 学生艺术团训练基地应根据教学情况协调使用，由院团委协助教务处安排好每位任课教师活动时间表，便于有组织地进行。

第四条 严格禁止任何人在学生艺术团训练基地内吸烟、吐痰、乱扔杂物，注意言行举止。

第五条 室内活动结束后，关门窗和电器，并整理好自己的用具，不许在墙上、凳子上乱涂乱画。

第六条 使用学生艺术团训练基地时，教师和学生应按规定着装换鞋。借用单位负责人要组织好纪律，不允许大声喧哗，要求使用者爱护公物、节约用品。

第七条 学生艺术团训练基地的设施为公共设施，应文明使用，如有损坏照价赔偿，并注意节约用电。

第八条 借用人应积极配合院团委的工作，个人服从集体。

第九条 每月底院团委对学生艺术团训练基地进行检查。

第十条 本办法由学生职业素质教育领导小组负责解释，自公布之日起实施。

2009 年 12 月 9 日

班级学生职业素质教育活动组织管理办法

第一章　总　则

第一条　为规范班级学生职业素质教育活动的开展，使学生在思想政治素质、职业素养、技能水平、身体和心理素质、创新意识和实践能力方面得到全面提升，成为具有高尚情操、良好职业素质和出色职业技能的优秀人才，特制定本办法。

第二章　组织机构

第二条　班级学生职业素质教育活动的管理机构是学院职业素质教育领导小组，院团委负责班级学生职业素质教育活动的日常管理。各系团总支负责对本系班级学生职业素质教育活动进行组织和管理。

第三章　活动开展要求

第三条　班级学生职业素质教育活动必须严格按照《重庆工程职业技术学院学生职业素质教育活动组织实施方案》的标准对“五个素质模块训练”进行分阶段逐项实施，确保实施效果。

第四条　活动组织开展的具体流程。

（一）在每学期开学的第一周，各班在班主任或辅导员的指导下，制订本学期对应职业素质拓展阶段的活动开展计划和预算。其中，每学期活动不得少于 3 项，预算必须具体到每项活动。活动计划和预算在第一周内报各系团总支审批并提出修改意见，审批不通过的班级必须在 3 日内重新提交活动计划和预算；

（二）各系团总支审批方案后，在第二周将计划报院团委备案和抽审。院团委在抽审过程中发现有不符合《班级学生职业素质教育活动组织实施方案》精神的活动计划和预算，可要求该系团总支重新审查该系各班活动计划和预算，并在第三周周一前重新报院团委复核；

（三）各班在收到院团委审批通过的活动计划后即可开展活动。各班在活动开展过程中必须照相，并进行文字记录。各班在活动进行过程中如果产生费用，各班活动负责人必须向商品或服务提供方索要发票、收据或填写发放清册。活动照片、记录文字及附有发票、收据、发放清册的费用报销单由各班在活动结束后整理上交给各系团总支进行存档，作为活动成绩和报账的唯一依据。素质拓展活动费用每月由各系整理向院团委报账结算一次，院团委统一结算时间为第二个月的第一周。各系团总支应审查和控制各班经费超支情况；

（四）各系团总支在审核各班提交的活动照片、记录文字及附有发票、收据、发放清册的费用报销单后，按月将本系各班开展职业素质拓展活动的文字、图片资料汇总成新闻稿件的形式，在第二个月第一周内上报院团委发布在学院网站上；

（五）每学期结束前，院团委汇总各班活动计划的完成情况，对活动开展优秀的班级给予表扬或奖励，对未开展活动或开展情况不好的班级在全院予以通报批评。

第四章　奖励与处罚

第五条　学院就班级学生职业素质教育活动每学年进行一次专项表彰，给予被表彰的单位和个人物质奖励和精神奖励。

第六条　学院将根据上报图片和文字资料的丰富情况、活动意义、学生反馈、活动开展的多寡、完成活动计划量综合评定学生职业素质教育活动的优秀班级和优秀班主任。其中硬性指标为:每学期活动开展次数不低于3次,活动计划、活动材料无迟交现象且资料完整。

第七条　对于一学期内未开展任何学生职业素质教育活动的班级,给予全院通报批评,该学年该班及班干部不得参与任何评优;对于开展活动流于形式,资料不全,以应付为目的开展活动的班级,给予通报批评,并视情节给予一定处罚,处罚力度不高于对未开展活动的班级的处罚。

第五章　附则

第八条　本办法由学院学生职业素质教育领导小组解释。

第九条　本办法自颁布之日起执行。

2008年12月25日

学生职业素质教育网络课程教学实施方案

第一条　课程概述

(一)课程背景。

学生职业素质教育网络平台是我院示范建设的内容之一,是丰富高职学生职业素质教育形式的有益探索,是在校学生接受职业素质教育的有效途径。

(二)课程性质。

学生职业素质教育网络课程是面向在校大学生开设的一门限制选修课,旨在提高大学生的就业能力和职业素养,为实现理想择业、就业和创业做好准备。学时为60学时,学分6分,学生在一、二、三年级完成相应学习要求后分别获得2个学分。

(三)教学目标。

引导大学生树立职业生涯意识,客观认识就业形势,明晰所学专业的发展方向和所需具备的职业素养;在自我认知的基础上树立正确的职业理想和择业观念,科学规划个人职业生涯;了解国家和各级政府的就业创业政策,激励学生自主创业,培养大学生创新、创业意识和能力;掌握必要的求职择业方法和技巧,正确选择职业发展方向,为成才与发展奠定基础。

(四)教学对象。

全院2007年及其以后入学的各专业、各年级学生。

第二条　课程内容

我院学生职业素质教育网络课程库共有70门专家课程,约160学时的教学内容,同学可根据需要自行选择。按内容可分为三类:

(一)职业生涯规划类:职业规划发展导论、影响职业规划的因素、认识自我、了解职业、了解环境、职业发展决策等。

(二)提高就业能力类:提高就业力、搜集就业信息、简历撰写与面试技巧、心理调适、就业权益保护、签约责任与义务等。

(三)创业与职业适应类:创业基础、从学生到职业人的过渡、工作中应注意的因素等。

第三条　教学要求

(一)一年级教学要求:引导学生理性认识大学生活,正确认识成才与就业、成才与职业发展的关系;引导学生通过各种测试工具,科学实现自我认知,掌握职业信息获取的途径,进行科学择业决策,明确职业发展方向;引导学生树立职业生涯意识,了解职业生涯规划的基本理论和观点,掌握职业生涯规划设计的步骤,独立完成职业生涯规划书的撰写。

(二)二年级教学要求:指导学生掌握求职择业与升学考试的相关技巧,提高求职与升学的成功率;了解当前就业环境与各级政府的就业政策,引导学生树立正确就业观念;帮助学生树立创业意识、了解创业政策、掌握创业的基本知识。

(三)三年级教学要求:调整好就业心态,增强就业安全意识,正确认识社会,寻找最佳的职业岗位,实现人生目标。

第四条　学时分配

课程基本学时60学时,分为三个模块,分别在一、二、三年级各完成20学时。学生可根据自身需要,在课程库中选择相应的课程进行学习。课程内容举例见下表。

（一）职业生涯规划模块（20 学时）

学习内容	课程类型	课程举例	学时
职业发展与规划导论	生涯设计篇	生涯规划与人生发展	2
		大学学习生涯规划	2

（二）职业素质提升模块（20 学时）

学习内容	课程类型	课程举例（学生自选相关课程）	学时
提高就业能力	素质拓展篇	如何培养职业态度与素养	2
		如何洞悉职场规则	2
求职过程指导	求职指导篇	求职自我营销	2
		求职简历写作	2
		求职基本礼仪	2

（三）创业能力与适应能力培养模块（20 学时）

学习内容	课程类型	课程举例（学生自选相关课程）	学时
求职过程指导	求职指导篇	求职心态管理	2
		就业权益与法律保障	2
创业教育	自主创业篇	大学生创业之创业准备	2
职业适应与发展	职场适应篇	如何迈好职场第一步	2
		从学生到职业人的过渡	2

第五条　考核办法

根据学生的线上学习表现和记录进行量化考核，分年级授予学分：

（一）一年级学生完成以下学习要求的，获得 2 个选修课学分。

1.参加职业测评，有系统生成的测评报告；

2.进行职业生涯规划书的编写，系统有记录；

3.完成至少 20 学时的网络课程学习（建议为第一模块内容）；

4.至少参加 1 次集中组织的职业素质教育讲座（以提交书面的讲座内容纪要、学习体会为依据）。

（二）二年级学生完成以下学习要求的，获得 2 个选修课学分。

1.完成职业生涯规划书的编写，系统有完备的记录；

2.完成至少 20 学时的网络课程学习（建议为第二模块内容）；

3.至少参加 1 次集中组织的职业素质教育讲座；

4.参加职业素质在线测评，得分在 60 分以上。

（三）三年级学生完成以下学习要求的，获得 2 个选修课学分。

1.书面的个人职业测评报告及个人意见；

2.书面的个人职业生涯规划书；

3.完成至少 20 学时的网络课程学习（建议为第三模块内容）；

4.书面(手写)的学习职业素质教育网络课程的心得体会(不少于1000字)。

第六条　教学组织

本课程以提升学生职业素质和就业能力为目标,采取“学生个体网络学习为主,讲座、讨论等集体学习为辅”的教学组织形式。学生个体网络学习即为学生使用学习卡登录职前教育网络学堂,自主学习职业发展教育课程,时间和进度可自由安排。

2008年11月28日

学生职业素质教育活动组织实施方案

一、指导思想

全面贯彻党的教育方针，坚持育人为本、德育为先，以提高高职教育质量、培养高素质技能人才为目标，以创建国家示范高职学院为动力，充分发挥各项教育活动载体的作用，把社会主义核心价值体系融入素质教育的全过程，促进学生全面发展，成为受社会欢迎的高素质技能型人才。

二、工作目标

以提高学生职业能力和职业素养为目标，重点建设学生职业素质分层教育实施体系，促进学生就业竞争力和事业发展潜力的提高。学生职业素质教育以“五个素质模块训练”为途径，努力使学生职业素质教育工作形成良好的“育人环境、育人队伍、育人机制、育人工作措施”氛围，使学生在校期间思想政治素质、职业素养、技能水平、身体和心理素质、创新意识和实践能力全面提升，成为具有高尚情操、职业素质和职业能力的优秀技能型人才。

三、工作内容

学院将从2008年秋季开学起，用三年的时间全面整体推进素质教育工作，严格按照标准对“五个素质模块训练”进行分阶段逐项实施，确保实施效果。

(一)职业素质教育与专业兴趣培养模块训练。

这一模块主要针对大学一年级第一学期的新生，在他们入学后重点进行军训法治教育、文明守纪教育、专业兴趣培养和自信心教育等，为他们的大学生活和今后职业生涯打下基础。

主要内容和措施包括：

1.以军训必修课为主体的大学生行为教育活动。

严格军训目标，增加训练科目，加大训练强度，培养学生吃苦耐劳精神。由军训教官对学生进行内务整理规范教育，开展文明寝室创建活动，定期开展学生公寓的检查评比，使学生养成良好的生活习惯。

2.讲文明、树新风教育。举办以“学校是我家”为主题的新生教育活动，促进学生树立良好的学习、生活习惯，营造良好的讲文明、讲礼仪氛围。

3.加强新生遵守学校规章制度的教育，组织学习日常管理制度、奖惩规定等，使学生规范日常行为，遵守学校各项规章制度。

4.以专业兴趣培养为主题的入学系列教育活动。

举办“成功校友回母校”新生入学教育报告会。请学院历届优秀毕业生代表回母校，讲述他们成长、成才、成功的经历，激发学生学习积极性、自信心，为学生树立进取的目标。

5.对新生开展专业认知教育，组织学生参观校内、外实训基地，使学生对所学专业、专业发展动态、岗位技能需求有所了解，明确未来职业发展状况，提出学习目标。

6.对学生进行校情教育。以组织学生参观校园、校史展览等形式对学生进行校园文化教育，使学生了解学校办学历史、了解学校的文化。

7.指导学生进行职业生涯设计。通过专业认知教育、专业认知实习、参观企业和接受专业导师指导，在对专业初步认知、了解专业人才培养目标、自我价值进行定位基础上，结合个人特质评估，草拟一份个人职业生涯计划。

(二)团队精神与社会认知能力模块训练。

这一模块主要针对大学一年级第二学期的学生，重点是进行团队精神培育和社会认知能力训练。通过开展先进团支部、优秀学生组织、社团组织等系列优秀组织的创建，培育学生的团队精神和增强与他人合作的意识；通过开展班级、青年志愿者社区服务、暑期社会实践等活动，提高人际交往能力、活动策划能力和组织管理能力。

主要内容和措施包括：

1.开展争先创优活动增强团队精神。

通过“五四”表彰评选先进团支部、优秀学生组织、社团组织，增强学生集体荣誉感；利用主题团课、主题班会开展培育团队精神讨论，增强学生团体协作意识。

2.开展社会认知活动。

组织青年志愿者进社区志愿服务、学生暑期社会实践等活动，提高学生社会认知能力。要求每位学生参加一次社会实践活动，提交一份社会实践心得体会，让学生对社会有初步认识。

3.进行职业生涯规划。

通过志愿服务、社会实践等社会认知活动，组织学生在自我认知的基础上，结合对专业的认识和兴趣，制订一份适合自己的职业生涯规划。

(三)职业心理与职业素质模块训练。

这一模块主要是针对大学二年级第一学期的学生。良好的职业心理和较高的职业素质是事业取得成功的必要条件，要通过学生团学活动、各种竞技比赛，培养学生良好的职业心理、职业素质和竞争意识。

主要内容和措施包括：

1.培育良好的职业心理和职业素质。

2.指导学生进行自我认识训练和成功自信心训练，开展心理健康知识讲座，鼓励学生参加各种竞技比赛，让学生掌握必要的心理调适方法，培养学生不怕挫折、积极向上的良好心理品质和健全的人格，使学生具备社会用人单位所需、人才必备的健康心理素质。

3.培育良好的竞争意识。

以各级各类团学活动为载体，支持和鼓励学生参加文艺、体育、演讲、写作、创作发明、特长展演等各级各类竞技比赛，加强学生职业综合素质与能力训练，养成职场竞争意识。

4.修改职业生涯规划。

对照拟定的职业生涯规划，结合自身特长、兴趣爱好，有针对性地加强职业所需技能训练，弥补职业生涯规划中所欠缺的基本素质，在自我认知基础上，对生涯规划进行适应性调整。

(四)职业道德教育与职业技能模块训练。

这一模块主要是针对大学二年级第二学期的学生，以加强学生职业道德教育为基础，重点是加强学生职业技能训练，提高职业技能水平。

主要内容和措施包括：

1.加强职业道德教育。

开设职业道德教育选修课，结合专家讲座、知识竞赛、社会调查等手段，对学生进行职业道德、诚信品质、敬业精神、责任意识的灌输，帮助学生树立正确的职业观，培养良好的职业道德意识。

2.提高职业技能水平。

集中开展职业技能竞赛，提高学生的职业技能水平。组织学生参加各级各类专业技能、科技创新能力竞赛；组织学生参加科技发明设计、科研学术研究；组织学生参加专业技能等级考试取得相应资格证书。

3.参加职业岗位顶岗实习。

利用节假日和暑期时间，组织学生到职业相近的岗位或职业岗位上顶岗实习，结合职业岗位的需求和自身技能水平情况，及时弥补欠缺的职业技能，提高职业竞争力和后续发展潜力。

4.拟定适合自身发展的职业生涯规划。

对大学学习、自身发展状况进行总结，对自我进行再认识、再评估，检验自己确立的职业目标准备是否充分，根据自身的兴趣、具备的能力、深造的专业和社会发展趋势，对职业生涯规划进行一次全面修订，制订一份适合终生发展的职业生涯规划。

5.做好就业准备。

在进一步加强专业学习的基础上，引导学生关注就业信息和就业政策，适时增加相应的就业技能训练和进行就业心理准备调适。

（五）毕业教育与就业技巧模块训练。

这一模块主要是针对大学三年级第一学期的学生，重点开展毕业专题教育与就业技巧训练，为学生毕业就业打下基础。

主要内容和措施包括：

1.开展毕业专题教育。

对毕业生开展职业指导讲座，宣传就业政策、法规等，指导学生做好就业前期准备，保持良好的就业心态，在结合个人兴趣和专业特长的前提下做出符合自身发展的职业生涯选择。

2.组织就业技巧训练。

指导学生提高就业技巧，教会学生如何写求职信、如何制订求职计划以及如何进行个人形象设计等，让毕业生掌握必要的求职常识与技巧。

3.开展模拟竞职实战演习

进行招聘会、面试情景模拟，对学生进行就业强化训练，提高学生就业实战能力，为就业做好充分准备。

四、保证措施

（一）组织保障。

学院素质教育工作委员会，统一领导和部署全校的学生素质教育工作。

学生职业素质教育活动组织与实施牵头部门设在学院团委，具体负责组织、督促检查等日常工作。

各系成立相应的学生素质教育工作领导小组，由党总支书记任组长，具体工作由团总支书记牵头实施，指定一名学生辅导员或管理干部负责协助组织落实，专业相关教研室主任或专业指导教师、兼职班主任老师共同参与，在学院素质教育委员会的领导下，组织实施本系学生素质教育工作。

（二）制度保障。

进一步建立、健全学院各种规章制度，特别是学生日常管理、学生学分制管理、学生综合素质考核评价等制度，并认真落实，保证学生素质教育工作顺利开展。

学院建立学生素质教育工作考核制度，对各系学生素质教育工作以学生素质教育工作效果、日常活动开展、素质教育工作图文资料进行考核评价，按学年进行总结表彰，给予物质和精神奖励。

（三）人员保障。

建立一支由专（兼）职辅导员、班导师、德育师、专业理论教师、行业企业劳动模范和技术能手、辅导员组成的素质教育工作队伍，为开展素质教育提供人员保障。各系在学生素质教育工作中要充分发挥教书育人、管理育人、服务育人、环境育人的优势，形成素质教育全员参与的良好局面。要加强师德建设，将提高教师思想道德工作放在首位，鼓励积极探索大学生素质教育的新方法。

（四）时间保障。

充分发挥主题班会、团课、德育课、体育课、军训课、公益劳动课、实习和实训课在素质教育中的主渠道作用，确保课堂教学的内容、时间及效果。

第二课堂是开展素质教育的必要途径，对于学院举办的文体活动、技能竞赛、知识讲座、社会实践等方面的活动，学院、各系要充分重视，给予工作条件和经费支持，教务处在排课安排上，要留出第二课堂活动时间。

五、责任分工

素质教育工作是全院的一项系统工程，需要全院上下共同参与，通力协作。相关部门、各系要落实责任分工，认真细化工作内容和工作措施，切实抓实抓好素质教育的各项工作。

2008 年 10 月

参考文献

1.解思忠.大学生素质读本[M].北京:机械工业出版社,2002.

2.房保常.事在人为——优秀员工必备的10项素质[M].北京:华艺出版社,2005.

3.雷瑛.IT职业素养[M].北京:高等教育出版社,2007.

4.李向东,卢双盈.职业教育学新编[M].北京:高等教育出版社,2009.

5.田光哲,李祥伟.创新职业指导:新理念[M].北京:中国劳动社会保障出版社,2005.

6.马必学,王式正.职场必修——高等职业教育学生职业素质培养与训练[M].北京:高等教育出版社,2005.

7.王胜桥,敖晓妍.关于高校职业指导战略的研究[J].中国职业技术教育,2003(2).

8.应晓红.高职学生职业素质养成实现途径[J].当代青年研究,2010(3).

9.苏国晖.从素质本位看高职学生的职业素质[J].中国大学生就业,2007(15).

10.胡远萍.高职教育学生职业素质培养的探索[J].长沙通信职业技术学院学报,2008(4).

11.戴亚娥.高职学生职业素质教育体系的构建与实施[J].职业技术教育,2008(32).

12.韩香玲.高职院校加强职业素质教育的意义和对策[J].中国成人教育,2011(4).

13.刘东风,钱群雷,周月友.高职院校职业素质模块化理论及其实现途径研究[J].科技创新导报,2009(30).

14.周光宇.浅析高职学生职业素质教育的内涵与实施[J].辽宁高职学报,2009(6).

15.潘虹.浅谈高职学生的职业素质教育[J].机电产品开发与创新,2010(5).

16.赵翠敏,孟少武.高职院校职业素质评价模块的构建与实施[J].科技信息,2011(20).

17.李银怀.高职要以职业素质教育为核心[J].文教资料,2006(22).

18.张万莲.论高职高专学生职业素质的培养[J].天津职业院校联合学报,2011(3).

19.何铁男.谈高职学生职业素质的培养[J].才智,2010(14).

20.钱群雷,丁燕.高职院校学生职业素质教育途径探究[J].科技资讯,2009(21).

21.田华.高职教学的职业素质教育[J].知识经济,2011(18).

22.何伊都.高职高专院校学生的职业素质培养途径探析[J].济南职业学院学报,2011(4).

23.王雅芹,王璐,温伟.论高职院校学生职业素质的培养[J].中国成人教育,2007(7).

24.潘玉昆.关于加强高职学生职业素质教育的思考[J].辽宁教育行政学院学报,2004(2).

25.王宏.高职院校职业素质教育模块化的探索[J].继续教育,2006(12).

26.何伊都.高职院校学生职业素质状况的调查分析[J].中国科技信息,2011(9).

27.李奕.和谐社会视野中的高职生职业素质培养[J].襄樊职业技术学院学报,2009(5).

28.黎品良.关于高职院校职业素质教育的思考与创新[J].大众科技,2011(8).

29.高宏丽.浅谈高职学生职业素质的培养[J].辽宁农业职业技术学院学报,2010(4).

30.郭惠玲.高职院校加强职业素质教育的途径探讨[J].贵州商业高等专科学校学报,2006(3).

31.宫玉杰.论高职人才职业素质教育[J].辽宁高职学报,2007(1).

32.孙颖.关于高职院校学生职业素质培养的几个关键问题[J].长春理工大学学报(高教版),2008(1).

33.张静.对高职学生职业素质教育一点思考[J].中国科技信息,2009(3).

34.颜艳.高职院校学生职业素质的养成路径探析[J].无锡商业职业技术学院学报,2010(6).

35.周春丽、李萌.高职学生职业素质提高与对策[J].世纪桥,2011(11).